わたしたちの湖沼会議

――市民・ＮＧＯの目に映った湖沼会議――

もくじ

はじめに

一七年ぶりに琵琶湖への「里帰り」会議となった「第九回世界湖沼会議」で、私は企画委員長を務めた。湖沼会議に参加したのは、実はこれが初めてである。

湖沼会議に対する意見は、いろいろ聞いていた。その中には、研究者・行政・住民が一体となるという第一回会議の精神が、回を重ねるうちに薄まっているというものもあった。

参加したことがないのだから、ほんとうのところは判らないが、「もしそれが事実なら直した方が良い」と考えた。そうはいっても、新しいことを始めるのではない。「第一回会議の目標どおりにやろう、形式も内容もそうしよう」ということになったのである。

住民やNGOの人たちにも当然、最初から参加して「わあわあ」言ってもらう。それも似たようなタイプの人だけでなく、主張の違う人に入ってもらい、分科会も、さまざまな立場の方々がまさに一堂に会して議論できる構成にしたわけである。

振り返ってみると、このやり方がほんとうに良かったのかどうか、それは分からない。

第一回会議の精神は踏襲できたので、その点では成功だったと思うが、「トップレベルの研究者は、あれでは参加してくれない」との批判もあった。しかし、湖沼会議は専門学会でも総合学会でもない。それは別に存在するわけだから、違ったやり方の会議をしてみただけのことである。

感激したのは、NGOや住民の企画した「自由会議」が五〇にも及んだことだ。「湖沼会議に

琵琶湖博物館館長
川那部　浩哉

熱心なのは、一部の人だけではなかろうか」。最初は、そんな心配もしていたが、それは杞憂だった。

あまりにもたくさん企画されたので、参加者が分散してしまったきらいはある。一緒にやれる企画もあっただろうし、関連行事委員会あたりで調整ができたのかも知れない。しかし、これもやり過ぎると「自由会議」ではなくなってしまうわけだが……。

とにかく、今回の湖沼会議は、多くの人々に見事に応援してもらうことができた。あらためて感謝申し上げたい。

この本は、この第九回世界湖沼会議の意義や成果を、会議にかかわった住民やNGOの人たちの手で、それぞれの立場から振り返って下さったものである。琵琶湖ばかりでなく、危機にさらされている世界各地の湖沼を救うためのの提言である。そしてこの湖沼会議が、あのとき限りのものではなく、考えながら歩んでいく一里塚であることを、そしてこの本が、そのための一つの指針になることを願っている。

生きている琵琶湖

作詞・作曲　加藤登紀子

こんなにたくさんの水は　どこから来たんだろう
ひとつぶひとつぶ空から　降ってきたんだろう

こんなにたくさんの魚　どこから来たんだろう
ひとつぶひとつぶ母さんの　卵から生まれてきた
それとも遠い海から　泳いできたのかな
それとも好きな誰かを　さがしに来たのかな

ふるさとの湖　生きている琵琶湖

こんなにたくさんの鳥は　どこから来たんだろう
ひとつぶひとつぶ小さな　殻をやぶって来た

こんなにたくさんの雲は　どこから来たんだろう
ひとつぶひとつぶ小さな　虹をわたってきた
それとも遠い国から　とんで来たのかな
それとも誰かの夢を　はこんできたのかな

こんなにたくさんの山は　どこからきたのかな
ひとつぶひとつぶ大空に　むかって登ってきた

こんなにたくさんの螢　どこからきたのかな
ひとつぶひとつぶ光って　空を照らしている
きっと遠い昔の　美しい思い出を
忘れられないように　伝えにきたんだよ

ふるさとの湖　生きている琵琶湖
ふるさとの湖　生きている琵琶湖

どんな湖沼会議だったのか

滋賀県立大学／湖沼会議市民ネット　井手慎司

第九回世界湖沼会議が二〇〇一年一一月一一日㈰から一六日㈮にかけて滋賀県で開催された。主会場は大津市のびわ湖ホールと大津プリンスホテル。総参加者数が延べ五万人を超える過去最大の湖沼会議となった。

世界湖沼会議は、滋賀県によって提唱され、一九八四年に大津で第一回会合が開かれた、湖沼に関する数少ない国際会議の一つ。最大の特徴は、市民に対して開かれているところにある。市民や科学者、行政や企業の関係者が一堂に会して、湖沼環境や水質の保全について話し合うことを目的としている。

今日でこそ、すべての関係者がセクターの壁を越え、協働して環境保全に取り組んでいくことは常識とされているが、第一回の八四年当時においては、そのような会議の形態そのものが画期的なことだった。

その後、湖沼会議は世界各地を周り、一七年ぶりに滋賀県に戻ってきた。

今回の会議のテーマは「湖沼をめぐる命《いのち》といとなみへのパートナーシップ〜地球淡水資源の保全と回復の実現に向けて〜」。その開催趣旨を読み込むと、そこには、八四年以降のさまざまな努力にもかかわらず、世界の湖沼をめぐる状況はいっこうに改善されておらず、むしろ淡水資源の質的・量的枯渇が人類の生存を脅かすところにまで進行しているとの認識から、二〇世紀のライフスタイルへの反省をふまえ、二一世紀における、新しい湖沼保全のあり方や方向性を探ることをその目的としていたことが見えてくる。

パートナーシップという趣旨に則ったものであろう。今回の会議では、企画段階から多くの市民や民間活動団体（ＮＧＯ）が委員として参加した。それらの委員は、論文選考に関わり、会議では分科会（セッション）の座長をつとめている。

また会議の形態としては、従来の学会形式の打破をめざし、分野横断的な、わかりやすいテーマを各分科会に設定して、研究者と市民とが同じセッションにおいて発表、討議ができる形をとった。発表の形式としても、語りや映像、寸劇などの多様な表現を受け入れた。

第一回の湖沼会議では、分科会が研究者と市民、行政で別れて開催されたことからすれば隔世の感がある。

今回の湖沼会議本体は主に、琵琶湖セッションと五つの分科会から構成されていた。それぞれのテーマは次のとおり。

琵琶湖セッション――琵琶湖・淀川流域における人と水との関わり方を一つの例として、世界の湖沼とその流域における開発と保全のあり方について考える

第一分科会「文化と産業の歩み」環境共生のライフスタイルを考える

第二分科会「環境教育の新たな展開」学んで・知らせて・共に活動する

第三分科会「飲み水と汚染」きれいで安全な水を創る

第四分科会「水辺の生態系とくらし」壊れやすい水と陸との接点（エコトーン）をどのようにするか

第五分科会「循環する水」流域で共存する人と自然

またそれ以外の特徴として、会議の全県的なひろがりと、市民やＮＧＯの積極的な参加をあげることができる。

今回の湖沼会議では、大津での湖沼会議本体だけではなく、滋賀県各地の六カ所にサテライト会場を設置し、各種の関連行事を催すことで、全県的な行事となるような仕掛けがなされた。また「自由会議」と呼ばれた、市民の自主企画的な会合やイベントが会議の期間中およびその前後に

県内各地で開催され、その総数は五一にものぼった。

他にも、琵琶湖視察やエコテクニカルツアー、七つのサイドプログラムとともに、会期中の夕方からは一三の自主企画ワークショップが開催された。

滋賀県の最終発表によれば、発表者数は六一九人、総参加者数は七五ヶ国・地域の延べ五五〇四九人（うち自由会議の参加者が延べ四〇八二八人）。参加国・地域、人数ともに過去最多であったという。また八六〇あまりあった発表のうち、市民の発表が四分の一を占めたことも今回の会議の大きな特徴であった。


そんな湖沼会議であったが、その評価は大きくわかれる。

会議そのものについて言えば、市民の発表が全体の約四分の一とたいへんに多く、いわゆるＮＧＯなどの活動家とともに、生活者（農家や漁師）や子どもたちなどの多様な人びとの参加があった点は高く評価されるべきであろう。企画委員長であった川那部浩哉さんも「すべての関係者が分科会に入って議論する試みは、ある程度成功した」と語っている。また、語りや寸劇、狂言などの表現による発表も好評だった。なにより、生活文化の視点を湖沼会議にはじめて持ち込んだ功績は大きい。

一方、会議本体の周辺についても、かつてないほど多くの、市民やＮＧＯなどによる自主的な関連行事や会合が開催された。今回、特に目立ったのが芸術家や表現者の参加（写真や狂言、日舞、ライブペインティングなど）であった。

また、はじめてのことも多かった。はじめての「子ども湖沼会議」、世界一八ヶ国の大学生があつまった「学生セッション」、水関連の国内NGOが中心になってまとめたNGO水世紀宣言など。しかし、その一方で一部の新聞が指摘したように「レベル低下懸念の声も　欧米の科学者参加少なく」といった声があったのも事実である。

世界湖沼会議と云っても、国際的な認知度はいまだ低い。海外からの取材はたった二ヶ国であった。また、海外からの参加者のほとんどを占めた研究者にとってみれば、湖沼会議の学会としての権威は低く、発表が業績に結びつくわけではない。会議本来の趣旨であり、また特に今回の会議がさまざまな仕掛けによってめざした、行政関係者や研究者、市民を一体とした〝ごちゃまぜ状態〟が、学術レベルの一層の低下を招き、会議を単なる人集めのイベントにしてしまった、との指摘もある。琵琶湖の問題と海外の湖沼を比較する国際的な視点を入れた発表が少なく、物足りなさを感じた、との海外参加者の声もあった。

他方、琵琶湖セッション第一日目。琵琶湖への想いを市民が発表した「琵琶湖へのラブレター」についても、世界水会議のコスグローブ副会長のように、高く評価した人がいた一方、あまりに情緒的な内容に、違和感を訴えた人も多かった。

また、市民やＮＧＯの参加が多かったと云っても、本当の意味における一般市民の参加は少なく、滋賀県をあげての盛り上がりという点では、八四年の第一回会議よりも低調だったのではないか、との声もある。さらには、会議本体とその周辺の自由会議との間で、ほとんど何の連携もなかったとの指摘もある。

今回は多くのＮＧＯが会議の企画運営に参画したが、かならずしも主催者側の行政との関係が円滑だったわけではない。会期途中では、事務局の対応のまずさから、一部のＮＧＯが会議をボイコットする寸前にまでいたった事件が起こっている。

水系を流域で管理することの重要性を会議の中で謳いながら、今回も第一回の会議同様、琵琶湖・淀川水系の下流域にあたる京都、大阪、兵庫を巻き込むことに実質的に失敗している。

湖沼会議がそもそもどのような会議であるか、といった会議の基本的理念の共有が関係者の間で不十分だったのかもしれない。主催者側の意図が明確でなく、戦略の欠如が参加者やマスコミを迷わせたところがある。

それらを象徴するかのように、琵琶湖宣言二〇〇一の作成は迷走した。最終日の全体会議での採択を目指したが、字句の修正や日英の宣言文の取り扱いなどをめぐって議論は紛糾し、時間切れのため、未定稿のままでの採択となった。

次回の湖沼会議は二〇〇三年に米国シカゴで開催される。さらに二〇〇五年には、はじめてアフリカの地、ケニアで開催されることが決まっている。また近畿では、それらに先立ち二〇〇三年三月に第三回世界水フォーラムが待っている。

今回の湖沼会議の国際的な評価というものは、今後のこれらの会合において、湖沼をめぐる国際的な取り組みがどのように発展し、継続していくかによって定まっていくのだろう。また滋賀県にくらす私たちにしてみれば、それは……　自己採点ということになるのだろうか。今回の湖沼会議がテーマとして掲げたパートナーシップを、今後、どこまで本物としていくことができるか、にかかっている。

（この文は、水環境学会誌の二〇〇二年三月号に載せた内容を修正、加筆したものである。）

第1章

—自由会議・サテライト—

守山セッション／生きている琵琶湖プロジェクト／コラム「新しい琵琶湖の歌を創ろう」／ごみシンポ／学生セッション／湖童プロジェクト

すべてを手づくりで守山セッション

橋本　卓

行政でも研究者でもない、ごく普通の市民が、地域の水環境保全にむけた自分たちの活動を海外からの参加者に紹介する。守山セッションでは、すべてが手づくりの会議で地域の取り組みを世界に発信した。世界湖沼会議が終わった後も、「世界の人々と手を携えていこう」――そんな機運が地元で高まっている。

守山セッションのテーマは「世界の人と学ぶくらしと水」。

国際湖沼環境委員会（ＩＬＥＣ）や守山セッションの実行委員長を務めた藤井絢子《あやこ》さん＝滋賀県環境生活協同組合理事長＝らの協力で、アメリカやロシア、インドをはじめとする海外一六カ国二〇人のＮＧＯ（非政府組織）が守山市に集結した。国内からは、琵琶湖の赤野井《あかのい》湾、茨城県の霞ヶ浦、福井県大野市、宮城県の蕪栗《かぶくり》沼が参加した。

セッションの構成は、地元の自治会や小学校の水環境保全活動を紹介するフィールドワーク、ポスターセッション、二つのフォーラムと二つの分科会。まさに世界湖沼会議のエッセンスを凝縮したような自由会議が、「豊穣の郷《さと》赤野井湾流域協議会」という地元NGOが中心となった実行委員会によって開催された。

実行委員会の構成は同協議会のほか、地元の九つの自治会と、速野小学校を含む三つの学校、一三の団体。速野小は土曜日を登校日に振り替え、学校ぐるみでセッションに参加した。

語学ボランティア

「海外からの参加者が多い。通訳をどうするのか?」

実行委員会は、国際会議で避けては通れない難問に頭を抱えた。

「地域の人に声をかけたらどうか」

「大学の先生を招いて英会話教室を開こう」

語学ボランティアの募集を始めると、五〇人の募集人員に対して、一六歳から六四歳までの主婦や会社員、学生ら五一人の応募があった。平均年齢は三八歳。うち三四人が女性だった。

研修会や自主講座などを開き、海外から参加するNGOや研究者の活動を紹介する英文の和訳、自治会や学校など地元守山の取り組みを英語で紹介するパンフレットの作成、交流会やフィールドワークの通訳など、すべて語学ボランティアの手で行った。

語学ボランティアの活躍は「自治会や地域の活動に刺激をうけた語学ボランティアが環境への関心を高めたり、語学ボランティアの情熱に押されて、地域や自治会がフィールドワークの現地リハーサルを行ったり……手づくりの温かさで国内外の参加者を迎えることができた。大成功だった」と実行委員会事務局次長の長尾是史さんは語る。

フィールドワーク（参加者一二〇人）

「大変参考になった。帰国したら自国でも、水質調査などを始めたい」

「お年寄りらのボランティアグループによる活動に感銘を受けた」

「ホタルを呼び戻す取り組みや安らぎをあたえる川づくりなど、市民の交流の場をつくりながら活動を展開しているところが印象に残った」

「琵琶湖の美しい自然環境を守る取り組みが行われていることをうれしく思った。特に子どもたちの活動は、大変興味深かった」

海外からの参加者が、セッション終了後に寄せた声だ。守山セッションは、世界湖沼会議に海外から参加した、多くの研究者やNGOに強烈な印象を残している。

ＩＬＥＣの科学委員で、琵琶湖研究所の中村正久所長は「湖沼会議は発表が中心で、いわゆる会議、会議している。フィールド調査、しかも市民の手によるものは、大変おもしろかった、という感想を聞いた」と話す。滋賀県立大の井手慎司助教授も「やはり、研究者やNGOではない、生のローカルピープルとの交流が喜ばれたのだろう」という。

二日間にわたる守山セッションの初日、一一月一〇日の午前中にフィールドワークは実施された。

事務局次長の長尾さんは、コペンハーゲンで開かれた第八回世界湖沼会議（九九年）に、赤野井湾流域協議会のメンバー九人と参加している。しかし「学会形式だったため、地元の人との交流が余りできず、残念だった」「だからこそ、守山セッションは、地元の人たちと海外参加者が交流できるようにしたかった。できるだけ地域の人たちに実行委員会に入ってもらい、地元の人たちが参加しやすいように心がけた」と話す。

里中コース　ハリヨの取り組み研修

フィールドワークにはA（里中）とB（湖畔）の二つのコースが設けられた。各コース二台の計四台のバスを手配。三時間の短い時間だったため、各コースのバスの巡回方向をそれぞれ逆に設定して、現地説明に時間差ができるように工夫をした。

Aコースは平安女学院大から欲賀《ほしか》、三宅《みやけ》、金森《かねがもり》、泉町、吉身《よしみ》中町、浮気《ふけ》の各自治会の主要な川づくり拠点を巡回。

欲賀自治会は、せせらぎの小川づくりを目指し、河川の清掃や汚水の流出防止強化などに取り組んできた。小川の上流に調整池を設け、水生植物を植え、ホタルが棲める環境の整備に努めている。九九年からは小学生らによるホタルの幼虫の放流が始まった。三宅自治会からは水生植物による水質浄化の試み。金森と浮気自治会では、湧水復活と清流に生息するハリヨの産卵やふ化への取り組み。泉町と吉身中町自治会のホタル復活活動など。生き物を通して地域の水環境を見直し、守っていく各自治会の活動が紹介された。

湖畔周辺を回るBコースは、木浜《このはま》自治会、守山漁協、速野小、速野学区内の美崎《みさき》・北川ニュータウン・中野小林・開発の四自治会、赤野井湾流域協議会などが受け持った。

木浜自治会と守山漁協は木浜内湖について紹介。木浜内湖は昭和四〇～五〇年代、琵琶湖真珠の養殖でにぎわったが、現在は衰退している。東岸には約二二〇〇〇平方メートルのヨシ群落が広がる。毎年一二月に地元でヨシ刈りを実施。魚の産卵場所として重要なヨシ帯の維持に努めているが、近年はブルーギルやブラックバスの生息地と化し、フナやコイなどの在来魚が減少して

湖畔コース　木浜内湖の現状説明

いる。地元の自治会や漁協では木浜内湖を考える会を発足させ、昔の写真や漁具、農具の収集、聞き取り調査や小川の清流を取り戻す活動を始めている。

木浜内湖では、海外参加者らが速野小児童と一緒に田舟に乗って水質調査を行った。一部の参加者はその後、地引き網による湖魚獲りを楽しんでいる。

速野小の児童からは、全学年で取り組んでいる樋の口川や法竜川、木浜内湖の水調べ、外来魚や水草、漁業などについての環境学習の発表があった。速野学区内の四自治会は、ホタルを育てるビオトープづくりを紹介した。

赤野井湾と周辺河川の合計約一〇〇地点の水質調査を一九九七年から続けている赤野井湾流域協議会の活動も報告された。調査改善活動部会は、田植え時期と年四回の調査を実施、泥水や肥料の流出状況を追跡してきた。調査項目は水温や泡立ちの状況から、ＰＨ、ＣＯＤ、リンや窒素、水量、魚や貝、藻類の有無など多岐にわたる。調査開始から四年半。河川の水質と降水量や農業排水との関係などが明らかとなった。また、調査活動で地元住民が河川の水質について関心を示してくれるようになったという。

フォーラム（参加者四三〇人）

フォーラムは一一月一〇日の午後から、平安女学院大の情報メディアセンターで開かれた。基調講演は世界の湖沼保全に取り組むアメリカの国際NGO「レークネット」のローリー・デューカーさん。

「世界には五〇〇万の湖があるが、その中で大湖沼と呼ばれる五〇〇平方キロ以上の湖は二五三。琵琶湖もその一つ。湖は世界中の淡水の九〇%を占めている非常に驚くべき事実がある」と解説。バイカル湖やカリブ海や南極大陸、アフリカなどの湖を紹介しながら、「湖には多様な生命が息づいている。レークネットは、世界の湖を結び、現地の人々の声に耳を傾け、湖をどのように守っていくのかを考えるネットワーク」と説明。富栄養化で水草が異常繁茂したケニアの湖や、琵琶湖と同様に、富栄養化に悩むフロリダのオクトビア湖。水不足によって二〇二五年までに湖沼の状態が劇的に悪化すると予想されているなど、世界の湖沼を取り巻く状況を報告した。

「しかし、富栄養化を改善する有効な戦略をこの数日で学ぶことができた。琵琶湖での取り組みは、他の地域でも応用できると思う。琵琶湖で学んだことを伝えて行きたい。みなさんの熱意を感じた」と締めくくった。

フォーラムの発表者は、第一部では、ニュージーランドのタウポ湖についてダグ・ガートナーさん、ロシアのバイカル湖についてジェニファー・サットンさん、バズ・ホーさんがアメリカとカナダにまたがるシャンプレーン湖について、守山市の水環境について金崎いよ子さん、福井県大野市の「公共下水道と水環境保全」について大久保京子さん、戸島潤さんが宮城県蕪栗沼について。

第二部ではアジアの湖沼や河川と汚染問題をテーマに、インドのボパール湖についてアブドル・ジャバールさん、メコン川開発をタイのソンパン・クンディさん、カンボジアのアウブ・ソピアックさんがトンレサップ湖流域の人々の暮らしを発表した。バングラデシュのファルク・ハッサンさんは「国内六四県のうち五一県でヒ素が検出された。五〇〇〇万人近い人が、ヒ素が検出される水を飲料水としている」と報告。マレーシアのパン・シュウ・ワイさん、台湾のホァン・ユエ・チョウさん、韓国の金江烈さんも自国での取り組みを紹介した。

実行委員長の藤井さんが「地球儀をぐるっと回るような報告を受けたが、世界の国々では、私たちの力ではどうにもならないようなことまで起きていることを知った。しかし、今日集まった私たちの手で、二一世紀を是非、未来を担う子どもたちが多くの国の人々と交流しながら、文字通り、豊かな水の世紀を築いていけるような時代にしたい」とフォーラムを締めくくった。

ポスターセッション

平安女学院大では、フォーラムと並行して、学生会館食堂でポスターセッションが開かれた。展示ブースは、海外一六、学校八、国内二六の合計五〇と映像参加の二団体。砒素の悲惨さ、恐ろしさを生々しく物語る写真。ポスターセッションは、水の大切さ、環境教育の素晴らしさを訴えた。

エコクッキング

午前中のフィールドワークと午後のフォーラムの間に、琵琶湖や地元でとれた湖魚や野菜、米を使ったエコクッキング料理が供された。メニューは、鮎《あゆ》の煮こごり、おでん、シジミ飯、鱒《ます》飯など。用意した食事は四〇〇人分。魚類は守山漁協が、野菜や米はＪＡおうみ富士女性部が調達。コープ滋賀守山の会員がおでんを調理した。

エコクッキングの狙いは、「環境に優しい調理」。なるべくゴミを出さない工夫がされた。大根は皮をむかずに、葉っぱは漬け物に、という具合だ。しかし、「食器をどうやって確保するのか？　に頭を悩ませた」と担当した岸年江さんは振り返る。

「紙製のコップや皿を使うのが一番簡単だが、大量のゴミが出る。こだわって料理をする意味がなくなる」

協議を重ね、市内の事業所と漁協から食器を借りるアイデアに落ち着いた。岸さんは「一七人でエコクッキングを担当して、みんなで琵琶湖産と〝エコ〟にこだわった。借りた食器を洗って返却する手間はあったが、心に残るおもてなしができたと思う」と話す。

一〇日の夜には、平安女学院大で交流会が開かれた。参加者は海外からを含めて二二〇人。フルート演奏やヨシ笛のコンサートが交流会を盛り上げ、最後には参加者全員で江州音頭を踊って会を終えた。岸さんは「海外の人たちがお国の踊りを披露してくれた。老若男女、国籍を問わず、会場全体が一つになった」と感激した。

その後（守山から世界へ発信）

二日目の一一月一一日。守山市民ホールに会場を移し、二つの分科会が開かれた。（参加約一八〇人）

第一分科会のテーマは「アジアの現実と環境問題」。アジア七カ国からの参加者が、地域の水と暮らしにかかわる問題について話し合った。

分科会の総括で「アジアと水俣を結ぶ会」の谷洋一さんが、「インドでは森林開発で、住民の生活が脅かされており、環境問題の解決という名の下に、住民が村から追い出されるケースすらある。琵琶湖でも三〇年近く取り組みが行われてきたが、効果よりも逆に、汚していく行為の方が進んでいるのではないか」と指摘。その上で「NGOが住民の代弁者として活動できるかが問われている。住民もまた、NGOと一緒になって、問題の解決を考えていく必要がある」とまとめた。

「世界に学ぶパートナーシップ」をテーマとした第二分科会では、国内二団体、海外三団体をパネリストとして迎え、パートナーシップの重要性と課題について話し合った。

琵琶湖研究所の東善広さんは、分科会を「国によって活動の種類や規模、財政事情などが異なるが、教訓として共有できるところは多い。守山セッションでは、世界の人々と楽しく交流することができた。今後も更に交流を深めたい」と結んだ。

湖沼会議閉幕後の一二月。赤野井湾流域協議会の理事会で、二〇〇二年から一〇年間の活動方針が示された。

同協議会のあり方として、㈠行政からの補助金に頼るのではなく、委託事業など、行動の対価を得る形に。㈡市民団体としての自立を達成するため、NPO法人化を目指すの二点が提案された。

地域や世界とのネットワークづくりにむけて、㈠地元の学校や自治会とのネットワークを広げ、守山市の水環境活動センターを目指すこと。㈡海外との交流を進めるために、守山セッションに参加した語学ボランティアに協力を求め、ホームページを英語化、二〇〇三年三月に京都・大阪・滋賀で開催される世界水フォーラムへの参加を目指すことで合意した。
また、よりよい水環境の実現に向けて、大学などとの連携の強化、環境教育プログラムの作成、講師陣の育成、エコポイント制などの環境に優しいシステムの考案などの方針が確認された。

同協議会は、守山市役所別館に事務所を置く。同市環境課の担当職員が事務局機能の一部を担っており、「行政主導型の市民団体」というイメージが強い。

しかし、守山セッションの開催を通じて世界のＮＧＯや地域に根ざした活動を行っている県外の人々との交流を果たすことができた。セッション終了後、海外のＮＧＯとのメール交換が始まり、語学ボランティアのうち一八人が協議会に新会員として加わった。古くから地域に根ざした生活を営んできた住民と、新居を求めて他府県から移り住んできた住民との交流を実現することができた。

地域の水環境を再生・保全するという自らの目標を再認識し、第九回世界湖沼会議の掲げた「パートナーシップの実現」に向け、赤野井湾流域協議会は大きな一歩を踏み出したと言えるだろう。

歌い継ぐ湖との〝きずな〟
生きている琵琶湖プロジェクト

宇城　昇

軽快なリズムのピアノのイントロで、曲は始まった。合唱団の子どもたちが最初のワンフレーズを歌い出した。

♪こんなにたくさんの水はどこから来たんだろう――

歌手の加藤登紀子さんが作詞作曲した新しい琵琶湖の歌「生きている琵琶湖」は、二〇〇一年一一月一三日夜、大津市柳が崎にある旧琵琶湖ホテルのホールに二五〇人近いオーディエンスを集めて披露された。

「琵琶湖の未来たちコンサート」というタイトル通り、主役の歌い手である合唱団を構成したのは、マキノ東小学校、沖島小学校、大津市の長等《ながら》小学校、志賀小学校、唐崎《からさき》小学校の子どもたち。加藤さんは舞台の真ん中に立ち、合唱をリードした。

「生きている琵琶湖」は、子どもたちのために作られた歌だ。歌いやすいテンポの軽いリズム、

明るい流れるようなメロディ、子どもの素朴な思いをつづった歌詞。一度聞けば耳に残り、思わず口ずさんでしまう。

加藤さん自身は、「風景が浮かんでくる絵本のような歌」と言う。それは、ただ情景をつづったという意味ではない。

歌詞に登場する雨粒や鳥、魚、ホタルは、過ぎ去った思い出を今に運び、さらに未来へとつむぐ役割を担う。

目の前の小さな自然を通して、琵琶湖が生きていることを教えてくれる。そして、人間の暮らしの営みが、琵琶湖とともにあることにも改めて気付く。

子どもたちが自分のモノとして長く歌い継いでいってほしい――そんな思いを込めた歌が、どうして今という時代に作られたのか。

企画のきっかけを紹介するには、遠くアフリカ南東部の小国・マラウイに飛ばなければならない。ここにマラウイ湖という瀬戸内海ほどもある大湖がある。京都精華大教授で、滋賀県立琵琶湖博物館研究顧問でもある嘉田由紀子さんは、一〇年以上前から、湖畔の村の暮らしを調査している。

電気はなく、数年前からやっと井戸ができたという村の生活は、湖の恩恵に支えられている。生活水は湖の水を汲み、魚介類は日々の食料となる。そこに残る水と暮らしの原風景の中には、琵琶湖の周囲に暮らす人々が忘れてしまった生活の知恵があるかも知れない。それを探し求めている。

一昨年秋、自身も加わる「水と文化研究会」のメンバーと調査で訪ねた際、地元の子どもたちが「マラウイ湖の歌」という曲を合唱で披露してくれた。

アフリカの大地を思わせるゆったりとした曲調に乗って、暮らしを支えてくれる湖を称える歌詞。震えるような感動を覚えたという。

歌が生命のリズムに響くものであるならば、この歌を歌い続ける限り、人々は湖とともに生きている実感を忘れない。

琵琶湖はどうだろうか。

「琵琶湖周航歌」という代表的な歌がある。一九一七（大正六）年に大学生の小口太郎さんが作詞し、吉田千秋さんが作曲した旧制三校の寮歌だ。ゆったりとした美しいメロディは、琵琶湖の揺れる波を思わせ、絶景を詠んだ歌詞が聴く人に美しい情景を想起させる。八〇年以上も歌い継がれてきたのは、人々の思う琵琶湖の原風景がこの歌に重なったからに他ならない。

しかし、この代表歌が最近は歌われなくなって来たようだ。

確かにメロディや歌詞は、古臭い印象を与える。欧米調のポップミュージックに親しんだ若い世代には、共感しにくいのは事実だ。

しかし、理由はそれだけだろうか。古いだけなら、琵琶湖を象徴する新しい感覚の歌が生まれてきていいはずでは――。

「次の世代を担う子どもたちが、共感しながら歌える新しい琵琶湖の歌を作れないか」

二一世紀の到来を間近に控えた二〇〇〇年末、構想が動き始めた。

新しい琵琶湖の歌を誰に作ってもらうか。

真っ先に名前が挙がったのが、加藤登紀子さんだった。

紹介するまでもなく、「琵琶湖周航歌」が全国で親しまれる曲になったのは、加藤さんが一九七一年にレコード化した業績が大きい。

加藤さんは国連環境計画(UNEP)親善大使を務め、環境問題に積極的にアプローチしている。それに琵琶湖との縁もある。曽祖父は、今の守山市木浜の出身という。京都で暮らしていた小学生時代には、琵琶湖で泳いで遊んだ体験もある。

加藤さんに話を持ちかけたところ、快諾を得た。

ただ、まったくのお任せではなかった。嘉田さんや滋賀県の市民団体のメンバー、主婦たちの有志は、一緒に歌づくりを進めるために「登紀子倶楽部in滋賀」を立ち上げた。代表は主婦の大崎淳子さん。

早速、歌づくりの材料集めが始まった。

二〇〇一年三月一二日、加藤さんはUNEP親善大使として、草津市のUNEPセンターを訪れた。その足で、倶楽部のメンバーと沖島に向かった。

近江八幡市の沖に浮かぶ沖島は、琵琶湖で唯一、人が暮らす島だ。

周囲六・八キロの狭い島に、約一五〇世帯五〇〇人が住む。主要な産業は漁業。車が一台もない島には、伝統の漁業文化が今も残る。

地元の漁協の人たちと語らいの場を持った。島の子どもと一緒に高台に登り、民家がひしめく島の集落と、眼下に広がる雄大な琵琶湖を眺めた。

「琵琶湖は何度か訪れて歩いているはずなのに……。こんな島の生活の風景が残っていたなんて」

この後、加藤さんは沖島を六月と一一月にも訪れている。漁師の家で、湖魚料理に舌鼓を打った。湖面は一見昔のように輝いているが、底にはごみがたまり、アユやモロコ、シジミといった湖の幸もすっかり減ったという漁師の嘆きにも耳を傾けた。

歌づくりの最初の構想には、子どもたちから歌詞を募集する案があった。ところが、加藤さんが「がっくりした」という出来事があった。

世界湖沼会議では、琵琶湖をテーマにした全体会議「琵琶湖セッション」が開かれることになっていた。その中の企画の一つに、全国から募集した「琵琶湖へのラブレター」があった。琵琶湖に対して人々が抱くさまざまな思いをつづってもらい、湖沼会議で発表してもらうという企画だ。

寄せられた二五〇〇件以上ものラブレターには、子どもたちからのものも多くあった。「琵琶湖をきれいにしよう」「琵琶湖を守ろう」

判で押したように、同じようなキャッチフレーズが並んでいた。水質汚染やごみの問題は確かに大切なテーマだが、子どもたちが日常、琵琶湖と触れ合い、そこから生まれるはずの素朴な感性が伝わってこない。

八月二四日。「登紀子倶楽部.in滋賀」のメンバーと加藤さんは、美しい白砂青松の残る湖西のマキノ町海津《かいづ》を訪ねた。地元のマキノ東小学校の子どもたちと一緒にカヌーを漕ぎ、水に入って湖魚を取った。

さざなみの響きと、水にはしゃぐ子どもたちのにぎやかな声。加藤さんは、「ただ子どもたちの会話を楽しんで聞いていました」と振り返る。子どもたちの素直な視線に自分の思いが重なったとき、アイデアがあふれ出た。

四日後、大津市の嘉田さんの自宅にあるファックスに、加藤さんが作詞作曲した歌の歌詞が送られてきた。新しい琵琶湖の歌「生きている琵琶湖」が完成した瞬間だった。

「生きている琵琶湖」は、世界湖沼会議の関連行事である自由会議の一つとして、会期中の一一月一三日夜に披露されることになった。会場は、大津市の厚意で、改装中の旧琵琶湖ホテルホールが使えることになった。

お披露目コンサートは、「琵琶湖の未来たちコンサート」と名付けられた。文字通り、「新しい時代」を意識し、マキノ東小学校や沖島小学校の子どもたちで合唱団を作り、歌ってもらうことにした。関連行事の自由会議に登録し、新たにコンサートの実行委員会を結成した。実行委員長は、動物行動学者で滋賀県立大の学長も務めた日高敏隆さんにお願いした。

世界湖沼会議は、学会や行政主催の報告会とは違う。いろいろな立場の人が集い、趣向を凝らした発表を行う。

「琵琶湖周航の歌」を歌い継いできた加藤登紀子さんが、滋賀県の人たちと一緒に作った新しい琵琶湖の歌を披露する――。

湖沼会議ならではの企画である。注目度は高かった。一一月八日に旧琵琶湖ホテルであったリハーサルの前に開いた完成発表の記者会見には、メディアが多数集まった。

実行委メンバーには「ほかにも長い時間かけて活動して来た方々の企画があるのに…」という戸惑いもあった。しかし、この企画が一般の人々の湖沼会議への関心を高める一助になったことは間違いない。


「登紀子倶楽部in滋賀」の事務局を務めた中山法子さん＝草津市在住＝は、「生きている琵琶湖」の合唱が始まったとき、「鳥肌が立つような感動に襲われました」と振り返る。今までに聞いたことがないような、元気で澄んだ声が、ホールに響き渡った。

琵琶湖はあまりにも身近な存在で、それを加藤さんがどんな歌にまとめるのか。イメージは湧かなかった。出来上がったのは、これからの琵琶湖を支える子どもたちと歌える温かく優しい歌。「未来への奥行きを感じる歌でした」。願った通りの歌が完成したことに、実行委員会のメンバーの胸には迫るものがあった。

その場にいた人は、同じような思いを抱いたのだろう。湖沼会議が終わってから、「CD化されないのか」「楽譜がほしい」といった問い合わせが相次いだ。

楽譜は一月末になって発売された。CD化の方はまだ。もうしばらく、熟成されるようだ。

歌い継がれる歌には物語がある。「生きている琵琶湖」を口ずさむとき、私たちは琵琶湖とともに生きている〝きずな〟を確認できる。

科学技術万能主義や、経済第一主義が推し進められた二〇世紀。自然に畏怖しながら調和して生きる人間の精神文化はどこかに忘れ去られてきた。

生きている琵琶湖を歌い継ぎながら、二一世紀を自然とつながった生活と、心の豊かさを取り戻す時代にしていきたい。

新しい琵琶湖の歌を創ろう

新しい琵琶湖の歌を創ろうという提案があった時、正直不安だったの。いのちある歌は、そう簡単に生まれるものじゃない。伝えたいメッセージを盛り込んだり、地名を入れたらそれでいいというわけじゃないんです。

でも、結局一年間、何回も琵琶湖へ足を運び、素晴らしい出逢いと、大きな衝撃とがあり、ついに歌が生まれました。

一一月八日、湖沼会議に参加する形で新しい歌「生きている琵琶湖」を子供たちといっしょに発表した夜は、本当に感激でしたね。元気いっぱい、もう熱が出るくらいの歌でした。

コーラスに参加してくれたのは長等小学校、マキノ東小学校、沖島小学校、志賀小学校、唐崎小学校の有志の子供たち。特に、沖島小学校の子供たちは、一年生から六年生まで全員九名で素晴らしい沖島太鼓を披露してくれました。のびのびとした子供たちの表情には、やっぱり未来があります。指導している先生たちも楽しそうで和気あいあいなのが印象に残りました。

特にこの歌をつくるきっかけになったのが、マキノ東小学校の子供たちとの交流ですね。

カヌー教室へ参加させてもらったんです！

六年生の男の子とペアで乗ったのね。前に私、後ろがリードする男の子。湖の上に出ると後ろで「気持ちええ!!」と思わず叫んでいるのが聞こえるの。しばらくすると、「疲れたでしょ、休んでください」としきりに言うのね。私が、「大丈夫よ」なんて頑張ってたら、後になって「ひとりやったら、もっと速いんやけど」って本音をぽろり。カヌー待ちをしてる子供たちは、岸辺で魚とりをしててね、網でとった小魚を小さなバケツに入れてたのね。

私も足を水につけてやってみたけど、その時、小魚たちがひょろっと一匹二匹で泳いでいるのがちょっとショックだった。私の子供のころは、どこででも手ぬぐいとかハンカチで魚とってましたけど、メダカなんかは、群れをなして泳いでましたよね。やっぱり減っている証拠かしらね。途中で、ちょっと大きなのがとれて、その子がバケツに入れようとしたら、「あ、それ別のバケツに入れんとあかん、ブラックバスやし、ほかの魚食うてしまう」と叫んだ男の子がいて、さすがよく知っているな、と感心したわね。それからは、「そんなん殺してしまえ」という子がいたり「殺すのは可愛そうやし食べよう」とか「猫に食べさそう」とか議論沸騰でね。

やっぱり水と触れ合っている子供はいいな、と思いました。

その夜、一気に「生きている琵琶湖」を書きました。子供が楽しんで歌えるような曲、そして目の前の生命ひとつぶひとつぶに親しみを感じてもらえるような、一行ずつ絵がうかぶような詞にしました。

やっぱり、リズムにのって元気いっぱいで歌える歌でないと、きっと子供の中で生きていかないと思うんですね。

琵琶湖の環境問題をアピールするような内容にどうしてしなかったのかという意見も確かにありました。でもまずは、琵琶湖を好きになることだと思うんです。

それから子供たち自身が、自分で知っていく活動につなげていかなくてはいけないと思います。

今回、歌の詩になるメッセージを募集した時、特に子供たちから寄せられたものに「ゴミをなくしたい」とか「小川をきれいに」といった標語みたいなものが多くてそれがすごく淋しかったです。

環境問題は頭でっかちになりすぎてて、面白くないというのがいつも悩みなんです。

今回、湖沼会議では、琵琶湖セッションに一

加藤登紀子（かとう・ときこ）

1943年中国東北部のハルビンで生まれる。

活動は歌手以外でも多彩で、陶芸、書では各地で個展を開催。環境問題にも積極的に取り組み、00年には国連環境計画（ＵＮＥＰ）の親善大使に就任、01年にタイ、インドネシア、モンゴル、02年4月韓国を訪問。８月にはヨハネスブルグでの地球サミットに参加する。主な著書に「ほろ酔い行進曲」（講談社)、「日本語の響きで歌いたい」(NHKブックス)、「わんから」（中央法規出版)、「加藤登紀子の男模様」（三省堂）など。

回だけ参加させてもらったんですけど、まず、客席がガラガラなのが本当に残念でしたね。

こういうことは、つまらないものだと人々が思い込んでいるのか、それとも何が行われているか人々に伝わっていないのか、多分その両方だと思いますけれど……。

実際には、この琵琶湖セッションはすばらしく面白かったんです。漁師さんや、昔ながらの暮らしを知っている主婦、それに画家やお坊さんといった人たちの、体験があふれ出してくるようなお話には胸が熱くなりました。お役所の立場を代表する役所側の人も出席していて、相当やっつけられていましたけど、彼ら自身も、役所を弁護するだけじゃなく、そこを変えていく努力をしなければいけないわけで、こういう場が持てたというのは良かったと思いますよ。

生活と琵琶湖をゴミ箱から見つめ直す

ごみシンポ

芦田恭彦

「自分の出来ることから環境問題に取り組もう」。その一つとして、日常生活で出るゴミに注目した県内の市民団体によるイベントがあった。一一月一一日の湖沼会議自由会議。今津町中沼の今津文化会館では、環境保全活動に取り組む地元の市民団体「ボテジャコクラブ」と「ＢＩＷＡＫＯ　Ａｎｇｅｌ」が共催で、ゴミ問題を考えるシンポジウム「ゴミ問題～どうすればゴミは減るのでしょうか～」を開いた。

パネリストとして、中村敦夫参議院議員や、産廃問題で全国初の住民投票を実施した岐阜県御嵩《みたか》町の柳川喜郎町長、福井県敦賀市の市民団体「木の芽川を愛する連絡協議会」のメンバー今大地晴美さんと北条正さんなど、各地で産業廃棄物処理場やゴミ処分場建設問題の最前線で活動する人々が出席した。パネリストらは、処分場建設をめぐる地元住民や自治体の抱える課題や不安を当事者として紹介していった。さらに、会場へのメッセージとして、「今の生活スタイルを続ける限り、全ての人が直接的、間接的に産廃を出してしまうことを忘れてはならない」と指摘した。

ここで、シンポジウムを開いた両団体のこれまでの取り組みを紹介する。ボテジャコクラブは、今津町の塾講師、柏明彦さんが中心となり一九九八年七月に発足した。美しい琵琶湖を取り戻そうと、琵琶湖に昔からいる魚「ぼてじゃこ」をシンボルにした。塾生の親や、今津町内で一九八六年から九八年まで活動を行っていた「医療福祉を考える会」のメンバーらが柏さんの活動主旨に賛同した。クラブは九八年から毎年、「BIWAKOクリーン大作戦」と名付けた琵琶湖の湖岸清掃を行っている。クリーン大作戦では、清掃活動だけに停まらず、拾ったゴミがどのような種類かも分析し、ペットボトルや缶など空き容器のゴミが多いことを突き止めた。そこで二〇〇〇年には、琵琶湖岸に観光客が多く訪れる八月、今津町内の宿泊施設に空き容器回収機を設置した。

BIWAKOクリーン大作戦

シンポジウムの共催である「BIWAKO Angel」も、柏さんとの関わりは深い。柏さんの塾生（小学五年生から高校三年生）が中心となり、一九九八年七月に立ち上げた。ボテジャコクラブと二人三脚で、琵琶湖湖岸や今津町内の清掃活動をはじめ、ペットボトルや空き缶などのデポジット制度実現のための請願運動、ポイ捨てゴミ追放のためのシンポジウムなどを行ってきた。

シンポジウムに話を戻そう。第一部は「日本のゴミ問題の現状と課題」をテーマに、中村参院議員、柳川御嵩町長らが意見を交わした。パネルディスカッションの冒頭、ボテジャコクラブの廣田伸行さんがあいさつ。「家庭からでる生ゴミを始めとする、さまざまなゴミ問題をどうしたらいいか、みなさんと一緒に考えたい。パネルディスカッションを、ダイオキシンや環境ホルモンの心配のない、安全で安心できる町づくりのきっかけにしたい」と、期待を述べた。

ディスカッションでは市民の反対運動の末にゴミ処分場建設が断念された名古屋市の藤前干潟埋め立て問題や、敦賀市の廃棄物処分場で違法に大量のゴミが搬入されていた問題、住民投票や町長襲撃事件で揺れた御嵩町の産廃処分場建設問題などの事例が次々にあがった。

柳川町長は「ゴミは誰もが出す。どこかに処分場が欲しいと言う気持ちはよく分かる。人間の意識を変えていくしかないが、途方もなく時間がかかる」と、町長として六年間、産廃問題に取り組んだ感想を漏らした。一方、敦賀市で違法産廃処理問題に取り組む今大地さんは「滋賀県内でも、琵琶湖を守るためにリサイクルや分別によるゴミ減量が取り組まれている。しかし、最終的に焼却灰などがどこに行くのか考えて」と呼びかけた。最後に中村参院議員は「リサイクルやゴミ処理の技術革新などいろんなことをしないといけない。しかし、人間は自然の一部。目の前のゴミをただ処分するのではなく、一〇〇年先を見ていかなければならない。自然を壊して利益を得るという経済成長をあきらめるくらいの意識改革をしないといけない時代に入っている」とライフスタイルの変革を訴えた。

第二部の「ゴミのない循環型社会の実現に向けて」をテーマにしたパネルディスカッションでは、八丈島のデポジットに取り組む市民団体や空き容器自動回収機メーカーなどの代表者らも加わり、具体的な実践例の課題を話し合った。シンポジウムの最後に、柏さんが「今、日本のゴミ箱がおかしくなっている。もう一度、自分達の生活を見つめなおしてほしい」と締めくくった。

湖沼会議では、水質や水中や岸辺の自然保護など、湖沼と直接関わるテーマが取り上げられがちだった。しかし、米国の研究者故レイチェル・カーソンが四〇年も以前に指摘したように、人間の営みが、時間や場所を越えて環境に思わぬ影響を及ぼすことも事実だ。広い視野に立てば、産廃や家庭ゴミも湖沼の深刻な汚染源となっている。ごみシンポは、この事実を市民の立場から正面からとらえようとした取り組みだった。

シンポジウムの二ヶ月後に柏さんは急逝されました。慎んで御冥福をお祈りします。

学生だからできること

学生セッション

井手慎司

今回の湖沼会議では様々な新しい試みが成された。その中の一つに学生セッションの開催がある。学生の、学生による、学生のための湖沼会議。世界一八カ国から四一人の学生が参加した。そこには、セッションに関わった多くの学生たちの物語があった。

一九九九年五月にデンマークのコペンハーゲンで開かれた第八回世界湖沼会議。この会議に日本から参加した立命館大と龍谷大の四人の学生がいた。彼らは帰国後の八月、琵琶湖研究所で報告会を行なう。この報告会で提案されたのが、二〇〇一年の湖沼会議にあわせて学生版の湖沼会議を開催することだ。

この提案をうけて翌月、後に「湖沼会議学生ネットワーク」と呼ばれる学生グループが、はじめての会合を県立大で開いている。集まったのは県立大や立命大の学生などの十数名。当時、県

立大四年の西尾好未さんもその一人だった。その後、県内の高校生や龍谷大、京大、愛知や静岡の大学生も参加することになる。
学生ネットの中心となったのは、学生版の湖沼会議を開くには先ず自分たちがもっと琵琶湖や湖について知らなければならない、と考える学生たちだった。
彼らは外来魚の問題をテーマとして選ぶ。途中二回のイベントの共催を経て、二〇〇〇年六月、学生ネットの立ち上げシンポジウム「琵琶湖の問題を知る～琵琶湖の外来魚について～」を開いている。
資金の調達から、ポスターの制作、配布、講演者への依頼、会場の準備まで、すべて自分たちでやった。外来魚問題を単に善悪として見るのではなく、学生らしい新しい視点から捉え直そうとする試みだった。一般参加者からも好評で、充実したシンポジウムとなった。

しかし結果的に、ここで多くの学生が息切れしてしまう。シンポジウム終了後、半数の学生が学生ネットを去っていく。


同六月、西尾さんは、米国シャンプレーン湖で開催された湖沼NGOレークネットの会議に参加している。後に一緒に学生セッションを作り上げていく白石匠さんとジョリー・レイチェルさんも同じコースに参加していた。当時、白石さんは県立大大学院一年（その後、米国モントレー国際大学院大学へ留学）、レイチェルさんはシャンプレーン湖流域科学センターの研究生だった。

帰国後、西尾さんは学生ネットから離れ、別の形の学生版湖沼会議を目指すことになる。学生ネットのように、琵琶湖にこだわるのではなく、先ずは海外の学生たちと湖について語り合ってみよう、つながっていこうとするものだった。「世界湖沼会議学生セッションプロジェクト」と名づけた。

またやはり同じ頃、ドイツで開かれた第四回リビングレークス会議に参加した県立大生を中心とする九人の学生たちがいた。彼らとその友人たちが、西尾さんを代表とするプロジェクトの中心メンバーとなっていく。

しかし何の経験もない学生たちだけで国際会議を開くことは難しい。
学生セッションの開催を強力に支援していた㈶国際湖沼環境委員会の計らいで、予行演習も兼ねて事前の学生会議を開くことになった。本番のちょうど一年前の二〇〇〇年一一月。四日間にわたるプレ学生セッションを大津と野洲《やす》で開催する。海外から一一ヶ国、一六人の学生がこれに参加した。
米国からは白石さんとレイチェルさんが駆けつけた。白石さんが語学力で学生間のコミュニケーションを助け、レイチェルさんが専門知識で学生たちの議論をリードした。集まった学生たちで、本番の学生セッションで何をやるかを話し合った。ここでの議論が二〇〇一年の学生宣言へとつながっていく。
プレセッションは大成功だった。自分たちにもできる。ホストを務めた学生たちの大きな自信となった。その後、紆余曲折はあったが、結局この時のメンバーが、最後まで学生セッションに関わっていくことになる。

プレ学生セッションの前に、あるいは本番にむけて、メンバーの学生たちが繰り返し話し合ったテーマがある。

湖を守るために「学生だからできること」とは何か、「学生にしかできないこと」とは？

「学生」を「自分たち」と置き換えて考えてみた。答えは様々だった。それぞれに思いが違った。しかしこの議論を積み重ねたことが、メンバー同士が互いを理解する土台となる。ともすればバラバラになりそうな学生たちの心をつなぎ止めた。学生セッションやそれに向けた活動のすべては、学生たち一人ひとりがこの問いに対する答えを探しつづけるプロセスだったのかもしれない。

二〇〇一年四月、精華大の一、二年生十数名が新たにプロジェクトのメンバーに加わる。また、学生セッションが湖沼会議のサテライトセッション「彦根交流セッション」と合同で開催されることが決まった。

しかし、そのほとんどを大人にお膳立てしてもらったプレとは違い、本番のセッションでは、事前の開催通知から招待する学生の選抜、海外とのやり取り、航空券の手配まで、すべて自分たちでやらなければならない。セッションの枠組みは、西尾さんと白石さん、レイチェルさんの三

人が、電子メールをやり取りしながら組み立てていった。交流セッション部分のプログラムは、メンバーの学生たちが、交流セッション実行委員会や彦根市、県の湖東振興局などとの協議を重ねながら作り上げていった。

本番の学生セッションは一一月一〇日から一五日まで、彦根市を中心に開催された。湖沼会議はじまって以来の学生だけによるセッション。参加したのはロシアやポーランド、タイ、ナイジェリアを始めとする海外一七カ国、二一名の学生たちだった。もちろん米国からは白石さんやレイチェルさんが参加している。これを県立大生一二人と精華大生九人、彦根市職員数名で迎え入れた。

初日は午前中、県立大でバイカル湖（ロシア）やバラトン湖（ハンガリー）など八カ国からの現

状報告、午後は参加者が持ち寄った調査研究結果のポスター発表。二日目午前に、海外の学生を彦根市周辺の環境関連施設に案内する「湖東まるごとエコツアー」、午後には彦根プリンスホテルで学生と市民が環境問題について話し合う「市民会議」が開催された。途中、湖沼会議への参加をはさんで、一四、一五日には、学生だけによる「学生ミーティング」を持ち、ここで学生による国際的湖沼環境ネットワーク（ＳＩＬＥＣ）の設立と学生宣言を採択している。

期間中、海外の学生たちは市内の一般家庭にホームスティさせてもらった。スケジュールがタイトで、夜が遅くなる学生たちをホストファミリーが温かく迎えてくれた。

言葉の壁も学生間では大きな障害にはならなかった。学生同士であるため、打ち解けるのも速かった。また学生と言っても、海外からの参加者の多くは年齢が高く、国際会議に参加してくるだけに渡航経験も豊富だ。逆にホスト側の日本人学生たちが気を遣ってもらうような場面が多々あった。

ただすべてが順調だったわけではない。些細なことから、国内学生の一部が途中から参加をボイコットする騒ぎを起こしている。

一方、外来魚のシンポジウム以来、目立った活動のできていなかった学生ネットも、残った数少ないメンバーで、湖沼会議に間に合わせるように、滋賀県に関するガイドブック「The Booklet about Shiga　ひいふぅみぃ」を完成させている。

湖沼会議が終わり、振り返ったとき。学生ネットと学生セッションが、もっと一緒にやれたのではないかという気持ちが残る。学生が組織で動くことの難しさだろうか。

学生が大人の思惑に振り回された側面もあった。学生セッションは、湖沼会議に海外の学生を呼びたかった主催者側の思惑と合致したからこそ、全面的なサポートを得ることができた。しかし学生ネットはそれを得ることができなかった。

次回の学生セッションは、二〇〇三年、京都を中心に開かれる第三回世界水フォーラムにあわせて、やはり学生の手による水フォーラムユース会議と合同で開催される予定だという。

世界水フォーラムにむけて、学生たちの新たな物語はもう始まっている。

湖の童《わらべ》たちの祭典

湖童プロジェクト

横部弥生

祈りの火

二〇〇一年一一月一一日。琵琶湖の西岸、新旭町の風車村で湖童《こどう》音楽祭が開催された。会場中央にヨシを束ねた、美しい「メッセージツリー」が立つ。ヨシの間に挟み込まれた、色とりどりの紙。子どもたちが書いた琵琶湖へのメッセージだ。会場全体、どこか祭の風景に似ている。木霊《こだま》に扮した三人がツリーに火を灯し、湖童の物語はいよいよクライマックスを迎えようとしていた——。

湖童音楽祭にいたるまで

湖童プロジェクトを主催する「湖沼会議市民ネット」（湖沼ネット）は、世界湖沼会議への市民の参加を促進するために結成された。

湖沼ネットの事業の中でも、湖童は、特に参加・体験型のイベントプログラムとしての位置づけをもつ。

当初は「たきびわ」と呼ばれ、湖沼会議の前夜祭として、人々の会議への関心を高めるために構想されたものだ。県内各地の森から出てくる間伐木や雑木などを利用して、琵琶湖の周囲五〇カ所を「たき火」で囲むというもの。名称の「たきびわ」は、「たき火の輪」と「びわ湖」をかけていた。

しかし、二〇〇〇年五月の湖沼ネット発足総会での発表以来、「たきびわ」は賛同と非難の嵐の中に追い込まれる。森を大切にという「想い」と、たき火でアピールするという「方法」とのギャップが大きすぎたのかも知れない。

湖童スタッフは議論の末に、たき火という目に訴えるのではなく、耳に訴える方法にたどり着く。たくさんの人が集い、森から生まれた楽器をみんなで合奏する。しかし、一過性のイベントではない。子どもたちを主役に、自然体験を重視し、森と湖、大人と子ども、多くのものをつなぐ。湖童プロジェクトが動き出した。

まず最初に、誰もが簡単に演奏できる「木の打楽器づくり」が始まった。

二〇〇一年の春先から、四〇センチメートル程の長さの拍子木づくりを始める。目標は二〇〇〇組。木の種類は様々で、音色も異なる。まったくの素人が、森に入り、木を伐り、加工する。

森の湖童教室でクラベスづくり

大変な作業だ。

多くの人たちが参加した。自衛隊のボランティア、県内各地の役場の人たち、学童保育の子どもたちなど。延べ三〇〇名近い人たちが三〇回以上も森に入った。

拍子木には、ラテン音楽で使う打楽器「クラベス」の名が付けられた。湖童のスタッフには、気楽に、楽しみながら湖沼会議に参加したいという人が多い。彼らはクラベスづくりに関わるうちに、クラベスのもつ「単なる楽器を超えた」可能性を感じていた。

湖童は、音楽祭の前後に「森の湖童」と「川の湖童」という二つの体験教室をもち、四季を通じて自然と向かい合う。湖童スタッフは、これらの教室を充実させるために、クラベスの物語を考えだした。森の木がクラベスという楽器に生まれ変わり、音楽祭で活躍する。音楽祭の後は、炭に焼かれ、川に沈み、水をきれいする。そして最後は、土に還る――。

一人でも多くの子どもたちに、全体のプロセスを感じてほしい。途中から参加した子どもたちにも、クラベスがどのように生まれ、どのように還るのかを知ってほしいとの「想い」からだ。

クラベスの材料は、琵琶湖の西岸から山あいに入った朽木《くつき》村を中心に確保することができた。ただし、誰もが勝手に山に入れるわけではない。村役場の上山幸応さんや「朽木いきものふれあいの里」の中村美重センター長の協力を得て、実現することができた。

「湖童」は、平成一三年七月の「朽木いきものふれあいの里」での「森の湖童教室」から本格的にスタートした。環境レーカーズの島川武治さんを進行役に、子どもたちと森に入る。森の音に耳をすませ、木を伐る。クラベスをつくり、森の中で合奏する。プログラムの流れも自然で、子どもたちの反応も良好だった。スタッフ一同、大いに自信を深めた。

ただ、「湖童」のプログラムが固まる一方で、湖沼会議との関係が課題として残っていた。「たきびわ」としてスタートした当初は、湖沼会議の前夜祭として位置づけられていたが、「湖童音楽祭」は、子どもたちが主役だ。一一月という時期的にも夕方から開催することは難しい。最終的に、湖沼会議の「自由会議」として昼間に実施することになった。

音楽祭は当初、新旭町、草津市、安土町、大津市の四カ所で同時開催し、クラベスの音で琵琶湖を包む計画だった。しかし、準備状況や予算などの制約から、新旭町一カ所のみで開催することが決まった。

風車村の会場は、直径一〇〇メートル程度の芝生の円形広場。周囲を高い木々が囲み、木立の間からは田園風景が広がる。会場のステージデザインを成安造形大の磯野英生教授に依頼することになった。

磯野教授の研究室では、数年来、ヨシ・デザインの可能性を追究している。研究室アシスタントの立神まさ子さんと佐久川長久さん、そして四回生の小林茜さんたちが湖童に協力してもらえることになった。

ステージデザインは、音楽祭のプログラムづくりと同時進行だった。そのため、当初はステージだけの依頼が、ゲート、メッセージツリーと、次々に追加され、造形大スタッフにとっては、大変な負担となった。しかし、デザイナーとしてのプライドだろうか。最終的には造形大側からの提案で、同大一回生の四作品も展示されることになった。風車村は、さながらヨシ・デザイン博の様相を呈した。高さ三メートルのヨシ柱を一〇〇本近く林立させ、森を演出。中心には三本の大きなメッセージツリーを立てた。会場の見事な雰囲気は、ひとえに造形大スタッフの努力の結晶だった。

ところで、一般市民の参加が多い自由会議では、「参加のしやすさ」と同時に「内容のわかりやすさ」が求められる。湖童の次の課題は、参加者をいかに自然に引き込み、いかにメッセージを伝えるか、ということだった。

音楽祭は通常、ステージに向かって観客席が設けられる。しかし湖童では、円形広場のまわりに三カ所のステージを設置。ステージが参加者を囲むようにした。音楽祭のチラシには「参加型音楽祭」と銘打った。いつの間にか、自分たちが演奏者になっている、という演出効果をねらったものらしい。

クラベスのリズムを含むすべての楽曲は、神社の楽士でもあった慧奏《えそう》さんがこの音楽祭のために作曲した。ステージ演奏も彼と、彼の仲間である国際マンゴー会議が担った。湖童スタッフは、慧奏さんと協議を重ね、より参加者に楽しんでもらえるよう、音楽祭を音楽劇（物語）に仕立てることにした。物語には天狗が登場する。願い事が書かれた紙に火をつける。地域の伝承や祭りの要素を取り込んだ。

シナリオを担当した、湖沼ネットの進ひろこさんは「いつかどこかで見たような景色、聞いたような物語が織り込まれていることが大切。イベントが終わっても、景色や物語と共に、私たちが伝えたかったことが参加者の記憶に残る。特に、子どもたちの心に残ることを期待した」という。

さて、平成一三年一一月一一日は、なぜか行事の多い日だった。風車村には「湖童音楽祭」の他に、「町民マラソン」と「植樹祭」が重なっていた。関係する担当課をつなぎ、裏方として奔走したのが、新旭町環境課の桒原《くわはら》一也さんと同課の職員たちだ。

本番当日、午前八時半からマラソンが始まった。林立するヨシ柱を縫うようにコースが設定されている。午前一一時からは、会場の外周で植樹祭。両者がすべて終了してから、残りのヨシ柱を会場に立て込むことに。無理な段取りだが、これには狙いがあった。

マラソン参加者には、朝の受付け時にクラベスが配布された。植樹祭では、参加の子どもたちに、集合場所となった「びわ湖こどもの国」で、行事の説明を兼ねてクラベスを配布した。少しでも湖童の参加者を増やすための工夫だった。同町を挙げての協力の賜物でもあった。それでも終了後、桒原さんは、「湖童は、大変良い経験になった。しかし、準備や裏方作業だけでなく、湖童の〝事業としての組立て〟全体にも関わっておくべきだった」と語っている。すさまじい仕事量をこなしておきながら、なお、この意欲！

ともあれ、開場時刻の正午となり、子どもたちが集まってきた。

湖童音楽祭

午後一時、音楽祭は開演した。一〇〇〇人近い観客が待ち受けるなか、木霊に扮した町内の小学生たちが、地元産のクレープ生地をまとい、クラベスを鳴らしながら登場してきた。

メッセージツリーの前までくると、子どもたちのメッセージを感じ取り、「琵琶湖がきれいでありますように」「緑を増やそう」……と声に出していく。

進行役の南あきさんと荒井紀子さんが、クラベスに触り、匂いをかぎ、音を鳴らそうと促す。慧奏さんたちの演奏が重なり、会場全体をクラベスのリズムが包んでいく。スポンサーであり同時にスタッフとして参加した滋賀県朝日会や、立命大や龍谷大などの学生スタッフが、参加者の中に入り、盛り上げていく。さすがに一〇〇〇人の音には、不思議な力がある。

様々な楽器とクラベスの音で、この音楽祭のために作曲された「風のリズム」「水のリズム」「土のリズム」を、フィールドの参加者に伝えていく。参加者の叩く三つのリズムと慧奏さんたちの演奏が融合し、少しずつ「合奏」が生まれてくる。

遠くから太鼓の地響きが近づいてきた。天狗の面をつけた奏者たちが、怒りの太鼓を披露している。湖童の主旨に賛同して駆けつけた、創作太鼓として有名な甲南太鼓の人たちだ。と、そのとき、会場を揺るがす、おそろしい声が響いた。

「おまえら人間は、山をどうするつもりじゃー！」

子どもたちがメッセージを託す

森を忘れた人間たちに、天狗が怒っている。

クラベスのリズムで天狗の怒りを鎮める。気持ちを込めて、水を、風を、土を、叩く。

しばらくして、再び木霊が登場してきた。火のついた竿を掲げている。会場が静かになった。

祈りの火

天狗の怒りが鎮まり、メッセージツリーに火が灯された。子どもたちの想いが、届いたのだ。「祈りの火」が、快晴の空に広がっていく。

誰かがクラベスを叩き出した。ゆったりとしたリズム。しかし、この展開は台本には無い――。

火勢が衰えるにつれ、慧奏さんたちの演奏が大きくなる。木霊は、ヨシの灰を周りの木々に振りまき、消えていった。

台本によれば、最後の場面は「クラベスをみんなで叩き、盛り上げる」となっていた。そのとき、再び予期せぬことが起きた。くすぶるメッセージツリーのまわりを、一〇〇〇人の参加者が輪をつくり、クラベスを叩きながら歩き出したのだ。

湖童の「森と湖の物語」が、参加者全員に伝わった！　その瞬間、スタッフの多くがそう感じた。

終了後、町内から参加した年配の方がこう語っている。

「ええ、物語は、わかりましたよ。風の神と、森の神がいて……自分たちの願いが天に届いた。こんな催しは二度とないだろう。孫と一緒になってクラベスを叩いたことが、一生の思い出になります」

エピローグ

翌年一月。「朽木いきものふれあいの里」に、再び子どもたちが集まった。音楽祭の大役を終えたクラベスが、炭に焼かれている。鉛筆のような細さだ。炭は、三月の「川の湖童教室」で、他の炭と共に風車村の川に沈む。秋口には引き上げられ、隣接する菖蒲園に鍬込まれるという。

これは、湖童スタッフが「クラベスの一生」と呼ぶ、もう一つの物語である。

湖童プロジェクトとは

湖童は、湖沼会議に何を訴えられたか。

音楽祭までの成果は、本会議のポスターセッションで発表することができた。草津市で開かれた湖沼会議第二分科会の「子ども環境活動支援」ワークショップでは、子ども湖沼会議に参加した児童たちの交流プログラムにクラベスが活躍した。

湖童全体をプロデュースした湖沼ネットの堤幸一さんは、「湖童は音楽祭だけではない。三〇回を超えたクラベスづくりは、後半から単独プログラムとして完成した。作業所や学童保育、公民館の行事や地域のイベントとして、県内各地で実施された。一二〇名にも及ぶ湖童スタッフの作業体験や、市民事業におけるスポンサー企業との協働には大きな意味があった。何より子どもたちの記憶に残った。火やクラベスや天狗とともに、子どもたちが将来、森や湖を思い返すときがきっと来る」という。

湖童音楽祭は、自由会議の登録区分では「イベント」であった。近年、イベントは、費用に対する効果の低さなどから、批判的に語られることが多い。

確かに、湖童のような事業は、大津の本会議には馴染まなかったかもしれない。しかし、成果を本会議に反映させることも、自由会議の本来の主旨ではなかったか。堤さんのいう「子どもたちの記憶に残ったもの」を、大津の大人たちが共有できる「しかけ」があれば、もっと多くのことを湖沼会議に訴えることができたのではないだろうか。

第2章

―本会議―

漁業者の参加／子どもの湖沼会議／吉野川と川辺川の場合／コラム「蛇砂川流域における水と暮らし（狂言）」／多様な表現（寸劇）／水上バイク問題／水と文化研究会の歩み

湖に生きる人々の警鐘

漁業者の参加

宇城　昇

湖について語るとき、湖と最も長く接して生きている人々の話を聞かないわけにはいかない。今回の湖沼会議では、琵琶湖の漁業者が多数参加し、全体会議「琵琶湖セッション」や各分科会、ワークショップの壇上から、漁師の目で見た「琵琶湖のいま」を語った。

水質の悪化、湖岸工事や河川改修による自然の喪失、外来魚の激増がもたらした生態系破壊——。琵琶湖の異変を日々感じている漁師の言葉が浮き彫りにしたのは、湖と見事に調和しながら、脈々と受け継がれてきた人間の生活文化が壊れていく現状だった。

二日目（一一月一三日）午前中にびわ湖ホール大ホールであった琵琶湖セッションの討論会「琵琶湖の経験から世界の湖沼問題を考える」では、行政担当者、住民団体代表、画家、写真家など多彩な顔ぶれの九人がパネリストを務めた。

その一人が、滋賀県湖北町・朝日漁協所属の松岡正富さん。三〇年近い漁師歴がある。松岡さんのビワマス漁を記録したテレビのドキュメント番組が紹介された。見事、ビワマスを網で揚げたときの快感の表情と、捕ったばかりのビワマスを刺身にしてほおばる際の満足感が印象的な映像だった。

琵琶湖で漁業をする魅力をあますことなく伝えた松岡さんだが、最後に「琵琶湖には大変なことが起きているんじゃないか」と警鐘を鳴らした。

高度成長期から始まった琵琶湖の富栄養化。清すぎる水には魚が棲まないという言葉の逆で、少々の富栄養化なら魚は増える。しかし、琵琶湖の漁獲量は減る一方なのだ。五〇年代に年間一万トンを超えていた漁獲量（貝類を含む）は、近年は二〇〇〇トンを切るところまで来た。

理由は判然としない。しかし、琵琶湖総合開発事業（七二〜九六年度）に伴い、湖岸の繁殖地が失われるなど生息環境の激変したことや外来魚の食害など、複合的な要因が考えられる。

漁業者の訴えがひときわ響くのは、琵琶湖と日々接しているゆえに異変の進行を目の当たりにし、未来の破局への焦燥感が、言葉の行間ににじみ出ていたからだろうか。

二日目午後から始まった各分科会でも、発表者に琵琶湖漁師の姿が見られた。その中から、三日目（一一月一四日）午前の第四分科会「水辺の生態系と暮らし」の一つの発表を紹介したい。

一向に減らない外来魚に漁業者の苦悩は深い
（大津市下阪本沖の琵琶湖で）

「琵琶湖と青年漁師からの警鐘」という題で演台に上がったのは、滋賀県漁業協同組合連合青年会の会長理事、戸田直弘さん（守山漁協所属）と副会長理事、鵜飼広之さん（大津漁協所属）。最近、シンポジウムやメディアで積極的に発言している若手漁師だ。

発表の主題は、外来魚のブラックバスやブルーギルによる琵琶湖での漁業被害だが、それにとどまらず、湖と人の関係の在り方を問いかけるものだった。

外来魚の問題は、ここで改めて詳しく述べるまでもない。ともに北米原産のバスとギルは、一九七〇年前後に琵琶湖で確認された。旺盛な肉食魚で、琵琶湖固有種のフナやモロコなどを食い荒らして貴重な生態系を破壊している。それらを目当てに来た釣り客が放置したルアーやワームのゴミ問題が、漁業者をはじめとする住民とトラブルを起こすようになって久しい。

発表は、これまでの青年会の取り組みに基づく内容だった。昨年二月、バス釣り客の多い大津市・雄琴《おごと》港に潜って放置されワームを回収した作業の様子や、外来魚駆除を県民に訴えるために昨年八月に守山漁港で開催した釣り大会などを紹介した。

戸田さんたちの主張は明快だ。

「外来魚との共存はできない。バス釣りの全面禁止しかない」

バス釣りをめぐっては、リリース（再放流）の禁止か容認かなど、各論で議論されるケースが多々ある。しかし、徹底駆除の対策をさらに超えて、バス釣りそのものをやめない限り、問題は解決しないと説く。

しかし、会場にいた海外の研究者からは「外来魚は数をコントロールすることで、共存が可能ではないか」という質問が浴びせられた。戸田さんは直接この質問に答えなかったが、次のように述べた。

「僕らはただ魚を捕って人々に食べてもらうだけの漁師でいたかった。それが、こんな慣れない壇上でしゃべることになっている……。この現状を察してほしい」

長靴を履いて船に乗っていれば良かった漁師が、革靴を履いてシンポジウムに参加しなければならなくなった。外来魚による被害が死活問題にまでなり、やむにやまれぬ思いからの行動だった。

外来魚問題がこじれている最大の原因は、バス釣りがレジャーとして経済構造にしっかりと組み込まれてしまっているからである。しかし、古来培われてきた伝統の漁業文化を壊すことが許されるのか。

外来移入種の問題は生態系破壊の問題から論じられがちだが、ことは人間の暮らしの危機である現実を浮き彫りにした。

こうした現場からの叫びに、一部には真摯に問題を受け止め、解決に向けて協力する道を探る努力もあった。

滋賀県立琵琶湖博物館主任学芸員の中井克樹さんは、四日目（一一月一五日）の第一分科会「文化と産業の歩み」で、「わが国における今後の釣りのあり方――現在のバス釣りブームから考える」と題して発表した。その中で、「バス釣り問題はたかが遊び、という問題意識だった」と話した。

気付いたときには手が付けようがないほど深刻化――。研究者としての不明をわび、そのうえで、釣りのライセンス制導入など規制強化の対策を提案した。

こうした漁業者や研究者の危惧の声に対し、釣り業界の関係者やバスフィッシングのプロによる発表場面はなかった。会場内には業界関係者の姿も見受けられたが、「外来魚容認論」を掲げて反論することもなかった。

琵琶湖には年間延べ一〇〇万人の釣り客が訪れるという。釣具店や貸しボート業者、民宿経営者などバス釣りで生計を立てている人は多い。しかし、そうした立場からの発表や発言がなかったため、内輪な議論の印象を与えたことは否めない。

湖沼会議の原点は、住民や行政、学者などさまざまな立場の人が、多角的な見地から問題を論じ合うことだった。一部に残念な点はあったものの、地元漁業者の参加は、「生活者ならではの視点」を会議に持ち込み、成果に反映させるのにおおいに貢献したと言えるだろう。

湖への思い　世代を超えて

子どもの湖沼会議

小川　信

今回の湖沼会議では、立場を超えたパートナーシップがテーマであったが、世代間の交流も意識された。その試みの一つとして、初めて企画されたのが、「子ども湖沼会議」だ。

アルゼンチン、タイ、デンマーク、中国の海外四カ国（当初予定があったブラジルは不参加）の中学生八人と、日本の中学生六人が参加し、一一月一四日に開催された。二一世紀を担う次世代に、湖沼の環境問題について意見交換をしてもらおうという趣旨だ。

各校で取り組んでいる環境学習について発表するスタイルだが、子どもたちの参加意識を高める工夫が凝らされた。

発表者はもちろん、司会進行も子ども自身が担当する。各校の担当教員が発表者の後ろにアドバイザーとして控えているのだが、口出しを認められているのは特に困ったときだけ。会議の冒頭では、あえて「周りの大人の人に発言権はありません。手を上げないように」と注意がされた。

大津プリンスホテルを会場に開かれた会議は二部構成で、まず各校から活動紹介があった。
アルゼンチンのノーマルメディア第三学校の生徒は、課外活動で学校近くの湖を観察し、二百種類ものプランクトンを発見したことを紹介した。日本から参加した茨城県・霞ヶ浦町立南中の生徒は、空き缶つぶし機の設置を町長に嘆願したり、霞ヶ浦の湖底を観察した体験を報告するなど、それぞれの取り組みを熱心に紹介した。
引き続き行われた意見交換では、興味深い一幕があった。海外参加者は口をそろえて、「私たちの国の湖や川に比べて、琵琶湖はとてもきれい」と言うのだ。それに対して、地元から参加した大津市立真野中の生徒は「南湖は死にかけていると言われるのに、そんな琵琶湖を見てどこがきれいと思ってくれたのか」と不思議がっていた。世界には琵琶湖よりも水質が悪化した湖が多い。同じ景色を見ても、感じる印象は異なるのだ。

第二部は、各国の環境政策を調べた紹介が主だった。タイ・チェンマイ大付属中の生徒からは、タイの〝ごみ銀行〟の紹介があった。プラスチックやガラスを地域のセンターに持ち込めば、重さに応じて金額を書き込んでくれるユニークなシステムだ。コミュニティの中で、「地域通貨」のように使えるという。デンマーク・セブンスタースクールからは、総電力の一〇％を風力発電でまかなう自然エネルギー導入に熱心な母国の事情が説明された。

事例発表と意見交換を通して、子どもたちには感じるものがあったようだ。

「どの国にも、環境問題に熱心に取り組んでいる仲間がいることが分かって、うれしい」「母国の環境問題を解決するヒントを見つけたので、帰国したらみんなに話して聞かせたい」

滋賀県から参加した生徒は、「『琵琶湖は汚い』というイメージがあったが、いろいろな話を聞いているうちに『琵琶湖は甦る』と確信できた」と話していた。

締めくくりに、子ども湖沼会議を発案した滋賀大教育学部の川嶋宗継教授が「今日、意見交換した子どもたちが、また湖沼会議で出会えるように交流を続けてほしい」と語った。一過性の交流の場で終わるならば、もったいない——そう思わせる内容だった。

同じ日の夜には、会場を草津市のアミカホールに移してワークショップが持たれた。

昼間の報告に続いて、滋賀県内の中学教師や大学教授ら五人のパネリストが、「子どもたちの環境学習に対する興味を大人がどうやって引き出していくか」といったテーマについて議論をかわした。

「学校に入る前から継続して学ぶ場を子どもたちに提供する必要がある」「子どもたちが自分で考えて、行動できるようなサポート体制が大切」「インターネットの積極的な活用を」——などの意見が出た。

「子ども湖沼会議」は結論や声明を出す会議ではなかった。さまざまな国や地域の意見を聞いて、子どもたちが環境に対する意識を高めるきっかけである。その意味で、「子どもによる子どものための会議」は、初めての試みとしては成功だったといえよう。

少し残念だったのは、アドバイザーとして控えていた教員の指示が、やや多かったように思えたこと。内容を理解しないまま、おうむ返しに話していると見受けられる子どもたちもいた。また、三時間という長丁場の会議で、子どもたちには明らかな疲労の色が見られた。

今後の湖沼会議で同じような場が設けられるなら、子どもたちが調べたことを自らの言葉で発表してもらう方式の検討や、時間をもう少し短縮するなどの改善が必要だろう。

ゆれる国と住民とのパートナーシップ

吉野川と川辺川の場合

芦田恭彦

湖沼会議四日目の一一月一四日。第五分科会「循環する水〜流域で共存する人と自然〜」の口答発表セッションで、NGOの発表に対して国土交通省の対照的なコメントがあった。

徳島の吉野川第十可動堰建設の是非を住民投票で問いかけたNGOの取り組みに対して、地元の工事事務所長が「これからの川づくりは、対立構図ではなく互いの意見を積み上げていくことが必要。今後、徹底して真実の情報を公開する」と発言。一方、熊本の川辺川ダム建設に反対するNGOの発表については、建設を担当する地方整備局の職員が「根拠のない風評を発表されて残念だ」と非難した。

発表者は、「吉野川第十堰の未来をつくるみんなの会」の姫野雅義さんと、「子守り唄の里・五木を育む清流川辺川を守る県民の会」の西田陽子さん。いずれも公共事業に対する住民の活動に関する内容だった。しかし、それぞれの発表への国土交通省の各職員の反応が異なった。吉野川と川辺川のそれぞれの実情を姫野さんと西田さんの発表を元に紹介する。

まず、姫野さんの発表「吉野川第十堰問題にみる環境保全型社会への歩み」から。

吉野川の河口から一五キロ離れた場所に、二五〇〇年前の石と松杭で作られた第十堰がある。地元では「第十のおぜき」と呼ばれ、親しまれているという。国は、一五〇年に一度起こるとされる洪水対策と水源開発を目的に「第十堰改築事業」と称して、可動式のゲートを持つ堰を作ろうと計画した。

この計画に対して一九九三年九月、住民でつくる吉野川シンポジウム実行委員会が「水は不足しておらず、また第十堰は二五〇〇年間水害をもたらしたことは一度もない」と、疑問の声をあげた。委員会の活動から端を発する、現在までの可動堰に対する運動は、「建設反対」を声高に、デモや集会を開くのではなく、事業に対して常に「疑問を投げかける」方法がとられてきた。

姫野さんは、市民や国、自治体が同じ土俵で話し合える環境を整えたかったこと、また、市民が吉野川の現状を知り、可動堰建設の是非を自分の問題としてとらえてもらいたいという二つの願いが活動の根底にあると説明する。

そのため、活動は大きく二つの分野に分けられた。一つは、吉野川を身近に感じるための川と触れあうイベントの開催。そして、建設省（現国土交通省）に情報公開と話し合いを求め続けた。独自の調査で得られた科学的な知識に基づいた、国との粘り強い交渉はいつしか、「徳島方式」と呼ばれるようになった。

委員会の活動姿勢は、第十堰住民投票の会に引き継がれ、全国初の公共事業の是非を問う住民投票に至った。投票でも、反対ありきではなく、皆で考えることを全面に押し出した。

結果は投票者の九〇％が反対に投じた。その後、国は計画を白紙に戻すと表明。また、徳島市は、可動堰の代替案を模索する住民たちと連携する「吉野川みらい21プロジェクトチーム」を設けた。現在、住民は自らの資金を使い、専門家と共同で、川の周囲の自然環境を保存しつつ二五〇年も機能し続ける第十堰の保全や、天然のダムとして、豊かな森を作ることを模索している。

姫野さんは「湖沼会議のテーマはパートナーシップ。流域の住民の意見を取り入れるとした河川法の改正や、第十可動堰での国の対応など、従来の一方的に押し付ける公共事業は変わりつつある。今は過渡期。発表を変化のきっかけにしたかった」と話す。国交省の反応については、住民投票以降、どの機会で国が白紙表明より一歩踏み込んだ発言をするか注目していただけに、工事事務所長の「徹底して真実の情報を公開する」という言葉を、前向きな発言だととらえた。しかし、本当に「包み隠さず」情報を公開するのか。国交省の対応に注目している。

続いて、西田さんの発表「川辺川問題に見る上下流問題」から。

川辺川は球磨川につながり、さらに不知火海《しらぬい》に流れ込む。川辺川の水量は本流の球磨《くま》川より多く、実質的には球磨川の水質は川辺川に依存している状況だという。

ところで、不知火海の隣の有明海では現在、海苔《のり》の大凶作が問題になっている。大きな原因として、諫早《いさはや》湾の干拓事業が注目されているが、流入河川の一つ筑後川の大堰や、熊本新港の建設なども影響していると考えられている。有明海には複数の一級河川が流れ込んでいるが不知火海の主な川は球磨川のみ。球磨川の濁流を薄める役割を果たす清流の川辺川にダムを建設し、自然を破壊すれば、不知火海には有明海以上に大きな打撃を与えると懸念される。

川辺川ダム計画は、一九六五年七月三日の洪水をきっかけに、建設省(現国交省)が洪水を防ぐ治水を最大の目的に立ち上げた。しかし、水害体験者は「球磨川上流の市房ダムからの過剰放水が原因。三〇分で水位が二メートルも上がった」と口々に証言している。

また、治水以外の目的である発電と農業用水への利水にも問題があるという。川辺川には現在使われている四つの発電所のうち、ダム建設によって三つが水没して、発電量の増加は微々たるものでしかないという。また、川辺川土地改良事業では、農民に嘘の説明をしたり、十分な説明なしに同意を取ってまわったことが分かり、受益農家の半数近くの二〇〇〇人以上が農水省を相手に裁判で係争中という。西田さんはそれぞれの目的が破綻をきたしていると指摘した。

川辺川は「天然鮎」で有名で、川で生まれた稚魚のみを放流する伝統を守る漁師らが、ダム本体の着工を拒み続けている。それに対して国交省は、推進派で占められた球磨川漁協執行部と二〇〇一年に「闇の合意」と呼ばれる補償交渉への合意を取り付けた。熊本県知事がこの合意に不快感を表明した。

西田さんは「川辺川で問題なのは『上下流』ではなく、球磨川流域全体で考えるべき。対立があるとすれば、『ダムにより利益を得たい人』と『川を守りたい人たち』。そもそも、この問題がここまでこじれたのは国土交通省がアカウンタビリティをないがしろにしてきたせいである。住民の意見を一切聞かずに、一方的に同じ説明を繰り返し聞かされることにはうんざりしている」と訴えた。

西田さんは「川辺川ダム建設は昭和四一年からの古い計画だけど、今からでも住民の意見を反映させることはできるはず。外部で自分達も頑張っているんだから、国交省も内部から変わってほしいとエールを贈りたかった」と、発表に込めた思いを話す。発表は国交省へのラブコールでもあったという。

国交省の反論については、水かけ論になってしまうから、あえて反論しなかった。以前の職場では、パートナーシップを高らかにうたっていた人だけに、職場が変われば主張も変えなくてはならないなら、官僚って気の毒に思えたという。

国交省は一九九七年に河川法を改正。住民の意見を計画に反映させ、環境に配慮するとした。西田さんは「なぜ、川辺川でできないのか？　このまま本体着工すれば、住民との亀裂は決定的となり、社会に混乱を招き、国交省はさらに汚名を増幅させることになる。その上、住民の協力を今後得ることができなくなるのは必至。それは国交省にとっても痛手のはず」。

湖沼会議の大きなテーマは行政、市民、研究者、企業が立場を超えたパートナーシップを築くことだった。対等な協力体制を築くには、互いの意見を真っ向から反対したり、安易に同意するのではだめだ。それぞれの主張に耳を傾け、その時点でベストと考えられるような事業を共に計画できるよう、粘り強く議論することが不可欠だ。

川辺川の発表に対する反論に、国交省の従来の体質は変わらないのではと不安を感じる。しかし、吉野川の発表に対する発言に変わりつつあると期待したい。

蛇砂川流域における水と暮らし（狂言）

セブンドロップス
遠藤　恵子

開催日　一一月一四日㈬

発表内容　私達は、地域社会のコミュニティが薄れている現在、水環境の大切さを感じる機会を作るという手段を通して、一人ひとりが行動を起こす地域づくりができないか、ひいてはコミュニティ再生の一助にならないかと考え、活動をはじめました。今日、地球規模で問題になっている環境問題は、「私だけが環境に意識しても変わらない」とか「私一人ぐらいはなんともない」といった環境への配慮のなさが背景にあると考えています。

地域の人々が、毎日の暮らしの中で起こる身近な環境問題についての〝気づき〟をもってもらう手法として、環境をテーマに狂言を創作して公演を行ってきました。狂言は、人間の生き様を風刺する手法であり、「わかっているが、やめられない」という悲しい人間の性《さが》を風刺表現するのは、まさに得意とするところです。題名にある蛇砂川は鈴鹿山脈に源を発し、八日市市・安土町・近江八幡市を流れ、西の湖に注ぐ川です。

狂言発表では最初に「琵琶の湖《うみ》」のビデオを上映した後、「琵琶の湖—その後」を鑑賞してもらいました。

「琵琶の湖」の続編であるこの狂言は、日本での外来種であるブラックバスとブルーギル、そして外国で外来種となっている緋鯉《ひごい》の出会いから物語が始まります。三匹の魚がそれぞれの国に連れてこられた生い立ち、そしてその国で邪魔者扱いにされて住みづらくなった経緯について語り合います。そしてついには人間の身勝手なふるまいが暴かれることになるのです。しかし、結局どうすることもできず、それぞれの住みかに去っていきます。

三匹の魚たちは、パネラー役となって、もう手遅れだと語り合いますが、角度を変えて考えると、人間とその非循環型社会に対しての警告と、今ならまだ間に合うという、希望につながるメッセージともとれます。

この狂言は、参加者の反応も大変よく、同時通訳を通して外国の方々にも理解して頂き、私達が目指していた環境創作狂言から環境への〝気づき〟になったと思っています。

主催者団体の概要　セブン・ドロップスは、環境グループとして集まりましたが、環境問題のみで活動を行うのではなく、地域づくりを主眼におき、活動のテーマを「環境を切り口とした地域づくり」と設定しています。

主催者団体連絡先

E-mail：sea@mx.biwa.ne.jp

多様な表現（寸劇）

樺山　聡

「昔の生活をもう一度、というのではない。暮らしの原点を見つめ直してほしい」。世界の研究者やＮＧＯメンバーらが参加した世界湖沼会議。湖東町に住む七三歳の農家野村源四郎さんが寸劇の中で会場に投げかけた。

湖沼関係の専門家だけでなく、日々の暮らしの中で湖と密接な関係を持ってきた市民が参加する。これが今回の湖沼会議の特徴の一つだった。このコンセプトのもと、湖東町の住民ら三グループが文化について考える第一分科会で意見を発表した。

寸劇は「惇史《あつし》くんのため池たんけん」。湖東町大沢地区のため池「八楽溜《はちらくだめ》」で一九九八年一〇月、コイやフナの捕獲と泥の排出を兼ねた伝統の「オオギ漁」が三一年ぶりに復活したことをきっかけに、地元の博物館が企画した。幼い頃から地元で暮らすが、オオギ漁はもちろん、ため池についてもほとんど知識がない県立大人間文化学部の一年生（当時）の福田惇史さんからの視点

惇史くんのため池たんけん

で描いた手作りの劇だった。孫役の惇史さんと祖父役の源四郎さんのほのぼのしたやりとりと分かりやすさが会場を大いに盛り上げていた。

寸劇はほぼ実話だった。福田さんは、多くの同世代がそうであるように、幼い時期にあまり自然と親しんで育ったタイプではなかった。今でも魚をじかに触るのは苦手らしい。三一年ぶりにオオギ漁が復活した時も、当時高校生だった福田さんは、その日の夜に復活イベントを伝えるニュースを見て、「自分の地元にこんな伝統漁があったんだ」と初めて知ったぐらいだった。

八楽溜、そしてオオギ漁に関わるようになったのも、大学合格を果たした高校卒業間際のころ。イベントを企画した知り合いから誘いを受け、「なんかおもしろそう」というものだった。地元の博物館が地域活性化などのために企画した、子どもたちにため池の生態系の豊かさを伝えるための講座にも参加。そこで野村さんにも出会い、徐々にため池、そして地域の歴史、文化を知っていく。

劇はおおむねこの経緯をたどる。劇の最後には、地域の人々が舞台上に上がり、オオギ漁を実際の道具を使って再現した。野村さんらは、その後も県立大で大学生を前に同様の劇を発表している。地元でもため池に魚を放流し、「貴重な財産である地域資源を守ろう」という気運が盛り上がっている、という。

「長年、農業にたずさわってきて、まさか世界の舞台で意見を披露するなんて」

野村さんは振り返る。昔は水の分配をめぐって、地域は厳しいおきてを定め、みんなで生きていくという意識が強かったという。

しかし、上流にダムができ、給水、排水の用水路が整備され、農業は格段に便利になった。

「全国的な流れの中で、自分たちの生活が豊かになることばかりを優先した。やむをえなかったという思いと同時に、濁水を一気に琵琶湖に流し込んでしまったと、後悔の念も持っている」

時の流れを逆行させ、昔のやり方に一気に戻すのは無理だが、もう一度、成果と失敗の両面から過去を見つめ直してほしい。野村さんが劇で特に若い人に伝えたかったことだ。この思いは、同分科会でのほかの二つの発表でも共通していたように思う。

便利さを追求し、自然との密接な関わりが薄れ、蛇口をひねれば水が簡単に手に入る時代への批判は、ともすれば「昔はよかった」という安易な懐古主義に陥りがちだ。竹やヨシを少し使っただけで「環境に優しい」「エコ」という言葉が乱発される現状は異常ともいえる。

今必要なのは、過去の生活サイクルと自然との関わりを冷静に見つめ、そこから何を学ぶべきなのかを議論すること。源四郎さんのこんなメッセージは、多くの人々が詰めかけた会場にどれだけ伝わったのだろう。世界の名だたる専門家らが集う環境会議に市井の人々が参加し、同じ土俵に立つ。そして、幅広い人々をその中に巻き込んでいく新しい形はまだ始まったばかりだ。

「たかがレジャー」ではない
水上バイク問題

宇城　昇

レジャーシーズンの到来とともに、琵琶湖に姿を見せる水上バイク。ヨットやカヌーと並び、湖上レジャーの人気筆頭格だ。

この水上バイクの排ガスに含まれる有害物質が琵琶湖の水質に対する影響が問題化したのが二〇〇一年だった。レジャーをめぐる諸課題の象徴のように扱われた。

湖沼会議でも取り上げられた。彦根市の市民グループ「Ｇｒｅｅｎ　Ｗａｖｅ」の井上哲也代表が分科会発表で、水質汚染の問題を中心に独自の調査結果や問題を先送りにしてきた行政の対応、利用者の健康をもかえりみない業界の動向について報告し、規制強化を訴えた。

水上バイクの問題は既に「たかがレジャー」と片付けられない域に来ている。善良な一市民が、水上バイクに乗ったとたん、環境の破壊者に回る――。規制のないことをいいことに自然への配慮を欠いたまま広がった娯楽がもたらした構図だ。

とはいえ、突然生じた問題ではない。これまでも騒音や利用者のごみ放置などマナーの悪さが、湖岸住民とのトラブルを招いてきた。一九九五年には行政や警察、愛好者団体などの代表を交えて協議し、沿岸四〇〇メートルの徐行などを決めたマナーズブックを作成している。しかし、利用者のマナーにたよる「お願い」にすぎないためそれも有名無実化していた。

彦根市新海浜《しんがいはま》。白砂青松が三キロにわたって続く美しい浜は、水上バイク愛好者にとっても魅力のスポットだ。

地元の住民やウィンドサーフィンの愛好者がＧｒｅｅｎ Ｗａｖｅを結成したのは二〇〇〇年五月。水上バイクを搬入する車両が浜辺に乗り入れ、松林やハマゴウなど貴重な植生を荒らすのに業を煮やした。目に余る行為があるたびに、愛好者団体に改善を求めた。

そのうち、住宅街まで届く悪臭に、利用上のマナーだけにとどまらない問題があることに気付いた。国内に保有されている水上バイク約一〇万台のうち九割以上が2ストロークエンジン搭載で、構造上、燃料の一部が未燃焼のまま排出される。

「水上バイクは大型化しエンジンは一〇〇〇cc以上で大量の排ガスが水中に吹き込まれている。琵琶湖の水質に悪影響を及ぼさないのか」

海外の文献を調べたところ、欧米の湖沼では水質汚染を理由に規制が始まっているのが分かった。例えば、ハイオク燃料に含まれるＭＴＢＥ（メチル・ターシャリー・ブチルエーテル）はアメリカでは発がん性が指摘されている。飲料水源である琵琶湖に排出されて良いはずがない（※MTBEを含むハイオク燃料は日本でも二〇〇二年春までに販売が停止された）。

水上バイクは琵琶湖全域で走っている。環境NGO「びわ湖自然環境ネットワーク」（寺川庄蔵代表）の協力を得て、早急な調査を求める要望を〝環境こだわり〟県当局に申し入れた。〝環境こだわり〟県の反応はもどかしかった。湖面利用は河川法、湖岸は自然公園法、水質は水質汚濁防止法、といった法律ごとに窓口となる担当課が異なる。「縦割り行政」が機動的な対応を阻む。

試算では、走行台数がピークに近い日は、ドラム缶五〇本分ものガソリンが琵琶湖に吹き込まれている。「待っていられない」

両団体共同で、独自の水質調査を行うことを決めた。

六月。彦根市松原水泳場と能登川町大同川沖で水上バイク走行前後の水を採取し、民間の分析機関に委託して調べた。一地点では走行後のMTBE濃度が一リットル中一二マイクログラム。日本には環境基準はないが、米カリフォルニア州の健康基準値一三マイクログラムに近かった。県もようやく動いた。七月、大津市柳が崎と能登川町大同川の五地点で、MTBEやベンゼンなど四化学物質を調査。いずれも基準値は下回ったが、琵琶湖ではじめて発がん性物質のベンゼンを検出した。（その後、寺川代表らの追求によって、一九九九年、旧運輸省と関係団体によって行われていた調査により、環境基準の一・八倍のベンゼンが琵琶湖で検出されていたが、そのデータが管理者である滋賀県にすら報告されていなかったことが発覚する）

「〝ガソリン〟を垂れ流すレジャーを振興してきた官業のよくある〝油〟（癒）着構造だ」と井上代表は指摘する。

メーカーの業界団体「日本舟艇工業会」と販売業者の団体「ＰＷ（パーソナル・ウオータークラフト）安全協会」も反応した。九月に彦根市で独自の水質調査を行った。ベンゼンとＭＴＢＥは検出しなかったが、微量のトルエンを検出した。

「安全性が確認されるまで走行を禁止すべき」というＮＧＯの主張に対して、県と業界団体は「直ちに環境や健康に影響するレベルにない」として即禁止には難色を示した。

しかし、流れは規制化に向けて動き出していた。

県はレジャー利用全般について新ルールの制定を目指して、有識者や関係団体代表、公募の県民計二四人からなる「琵琶湖適正利用懇話会」（会長、西川幸治・滋賀県立大学長）を七月に発足させた。水上バイクの規制が念頭にあるのは確かだった。懇話会は参考人として、ＧｒｅｅｎＷａｖｅの井上代表を招いた。

業界側も、欧米の動向を踏まえた環境対応が迫られていた。アメリカ環境保護局の規制にあわせて、排ガスを段階的に七五％削減する自主規制を二〇〇〇年度から始めている。愛好者グループの中からも「マナーが悪い利用者がいる以上、ある程度の規制はやむを得ない」という声が出るようになった。

しかし足並みはそろわない。NGO、行政、業界三者の共同調査が志賀町・近江舞子の水上バイク競技会会場を借りて初めて実施されたのは、シーズンも最終盤の一一月初旬。湖沼会議の直前だった。「とにかく県の動きは遅かった」。びわ湖自然環境ネットワークの寺川代表は憤る。

琵琶湖適正利用懇話会は二〇〇二年三月、国松善次知事に議論をまとめた提言書を提出した。水上バイクについては、「環境負荷を低くする観点からは、従来型の2ストロークエンジンは規制が望まれる」と盛り込む。

滋賀県は、来シーズンからは旧来型の2ストロークエンジン搭載機を琵琶湖から締め出す方向で調整を進めている。実効手法など課題も多く、今後も紆余曲折が予測される。業界団体は「利用者への影響が大きすぎる」と抵抗する動きを示す一方、NGO側は「県の問題先送りの体質と官業によるデータ隠蔽で既に、対策は二年以上遅れている。今シーズンから適用すべき」と辛口の見方だ。

水上バイクをめぐる顛末は、「自由使用」という琵琶湖の原則を「規制化」に舵を切らせたことで、大きな転機となった。現場にいる住民側からの〝告発〟が、行政や業界を動かした点は特筆できる。だが、住民から告発がなければ動かない行政姿勢が改めて浮き彫りになり、問題解決に向けてパートナーシップを築いていこうとする流れには課題を残したままだ。

国際湖沼シンポジウム〜水といのちのいとなみ〜

宮川　琴枝

赤潮に端を発した琵琶湖の富栄養化問題で私たち主婦を揺り動かしたのは「命の源、琵琶湖が駄目になる」との切実な思いでした。しかもその汚れの原因が毎日使っている洗剤によるものと聞くと私達はすぐさまいわゆる「石けん運動」を始めました。この時の主婦パワーは将にめざましいものがありました。

しかし、汚れを流さなければ美しくなるはずの琵琶湖はその後、下水道の進展や工業・農業排水等の規制にも関わらずあまり好転したとはいえない状況です。なぜなのでしょう。

今回の世界湖沼会議自由会議の場で私たちはこの事を考えたいと思いました。

お招きした石牟礼道子、杉本栄子両氏の水俣での経験談は「水と命」の関係を語って余りあるものがありました。

続いて、海外四ヶ国の方から、それぞれの水事情をお聞きしました。その中で特にバングラデシュの飲用井戸の大方が砒素汚染にさらされているという悲惨な発表には一同胸を締め付けられました。

「命の水が有毒！」

今、私たちはそんな切羽詰まった思いを水に対して持っているでしょうか。蛇口をひねればきれいな水がほとばしり出る事が当たり前になってはいないでしょうか。つい四〇年前までは水を神と崇め、常に畏敬の念を持って接していたはずです。その思いが薄れたことが湖の汚染の始まりではないのか。もう一度原点に立ち返って水問題と向き合おう。そんな思いを参加者一同が共有できた自由会議であったと思います。

びわ湖を守る水環境保全県民運動
（通称「びわ湖会議」）

「水はいのち」の再生

水と文化研究会の歩み

宇城　昇

世界湖沼会議の「琵琶湖宣言二〇〇一」の英文は、次の一文で始まる。

Water is Life.

水はいのち。

市民団体「水と文化研究会」事務局長の小坂育子さん（滋賀県志賀町）は、同じ言葉を二カ所で聞いた。初めは琵琶湖畔の集落を訪ねたとき、古老の口から。

もう一回は、アフリカ南東部・マラウイ湖の湖畔を一昨年と昨年訪ねたとき。村人が口をそろえた湖への感謝の言葉。

いま、琵琶湖の集水域に暮らす私たちは、素直にその言葉を口に出来るだろうか。

小坂さんは言う。

「琵琶湖を守ろう、と言いますが、私たちこそが琵琶湖に守られて生かされているんですよ。自然への感謝と畏敬の念を忘れていないでしょうか」

湖畔の約六〇〇集落を訪ねて調べた、暮らしと水とのかかわりを聞き取る「水環境カルテ」、ホタルの生態観察を通して水のある生活文化を調べる「ホタルダス」。

研究会は、一主婦だった小坂さんを始め、水環境の問題に関心を持つ人たちが立ち上げた。一〇年以上に及ぶ活動から見えてきたのは、日本が高度成長期を迎えた昭和三〇年代以降、琵琶湖周辺でも水と溶け込んだ暮らしが失われていった事実だ。

それは、自然と人の距離のひろがりを意味するものであった。

今回の湖沼会議で、水と文化研究会は分科会、ポスターセッションで八件以上もの発表を行った。六〇〇件以上もあった発表の中で、新鮮な印象を与えていた。

そのわけは、研究者や専門家の限定された視点に地域住民の視点を持ち込むことに成功したからだ。

第一分科会「文化と産業の歩み」の中で、「地域社会におけるもやいの水と清め」という題で行った発表では、志賀町栗原地区の水利用の伝統や文化を地元の方が紹介した。

渇水期に上流から下流の集落に水を分ける「末期の水」は、川の流域で地域社会が結び付いている慣習。農業構造改善でこうした仕組みは消えつつあるが、日本の地域社会の形成に水が精神的な面で深く影響している事例だ。

ホタルがなぜ消えたのか。それを突き止めても、水と生きる原風景が失われたことが分かる。ホタルが生息する川は、年中水が流れていないといけない。幼虫の餌となるカワニナが棲めないからだ。

農業の近代化で、慣行水利権が許可水利権に変わったことが、この結果を招き、地域から水が失われた。水がいらない農閑期には、用水路は干上がってしまう。身近な川や水路には石段をつけたカワトがあり、野菜を洗ったり洗濯をする生活用水の利用場でもあった。

ホタルが身近な存在だったのは、家の周りを流れる用水路が、生育できる環境条件を十分に備えていたからだ。ホタルは「文化昆虫」なのである。

研究会のメンバーが遠いアフリカのマラウイ湖を訪ねているのは、水のある暮らしの原風景を訪ね、現代に役立つ生活の知恵を得るためである。

マラウイ湖畔の村では、朝一番の仕事は水汲みから始まり、家人が水を汲んで水がめに溜めておく。約二〇リットルが六、七人の家族の一日分。

それに対して、私たちが一日に使う水の量は、一人約四〇〇リットルという。上下水道が整備されて生活は便利になったが、自然への感謝の念を忘れたのだ、といえる。

湖沼会議には、交流を続けるマラウイ湖からも招待した。現地の研究者はもちろん、異色だったのは「伝統的首長」と呼ばれる集落の統率者ムソサさん。

村では一九五〇年代、漁場管理を制度化するに当たって、漁業基地の島を禁漁期に立入禁止にして神秘性を高め、豊漁を祈願する祭礼も創設した。近代合理主義に反するかのような仕組みだが、半世紀以上もそれが続いているという。伝統性が現代的な暮らしと共存できることを証明する。

琵琶湖から世界へ目を向け、水と生活文化のきずなを確かめる。研究会の歩みは足元から視野を広げてきた。

一九九九年五月にデンマークで開かれた前回の湖沼会議には、メンバー三人が参加している。小坂さんは「国際会議で発表するというのは大きな冒険でしたが、住民の立場から環境保全にとっかかる手がかりを世界に問うて、本質的なところでの共感は得られた自信があります」と振り返る。

今回の里帰り会議を終えて、次に考えているのは、琵琶湖・淀川水系全域バージョンの水環境カルテの作成。滋賀県にとどまらない、近畿一四〇〇万人の暮らしに共通する知恵や工夫が発見できるかも知れない。

視野を広く持ちながら、地元の文化を掘り起こし、過去を振り返りつつ、将来世代のために「水の文化」を再生する。

今回の湖沼会議でまさに問われたものを、水と文化研究会の活動は実践して来たといえる。

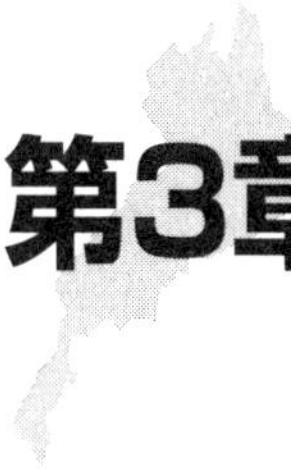

第3章

―琵琶湖からの提言―

パートナーシップの実験／開会式へのＮＧＯ参加の問題／外部の目

パートナーシップの実験

今回の世界湖沼会議を、企画の早い段階から内側で見続けて来たNGOメンバーがいる。滋賀県環境生活協同組合理事長の藤井絢子さんと、びわ湖自然環境ネットワーク代表の寺川庄蔵さんは、ともに本会議の企画委員会メンバーとして会議の運営にかかわった。NGOの視点から見た「パートナーシップ」のテーマの内実と、これからのNGOが進む道の課題などを語っていただいた。

湖沼会議とお二人のかかわりからうかがわせてください。

藤井　企画推進委員会が九九年一一月に発足する前にあった準備委員会の委員に声がかかってからです。

八四年の第一回会議のときは、生協の仲間でいろいろ

藤井絢子（ふじい・あやこ）

1946年神奈川県生まれ。71年から滋賀県在住。90年に滋賀県環境生活協同組合の初代理事長に選出され、現職。「環境再生」をキーワードに、エコロジー商品の普及やグリーン購入の推進、自然エネルギーの積極活用といった幅広い活動を展開。アジア各国のNGOとの連携を広めている。湖沼会議では、企画委員、琵琶湖セッション部会副会長、起草部会委員。

寺川庄蔵（てらかわ・しょうぞう）

1944年滋賀県志賀町生まれ。びわ湖自然環境ネットワーク代表、比良の自然を守る連絡会議代表、滋賀県勤労者山岳連盟会長。73年に清掃登山を始めて以来、ゴミの不法投棄や大規模公共事業による自然破壊などの問題で、環境保護の立場から積極的に活動している。湖沼会議では、企画委員、琵琶湖セッション部会委員。NGOワークショップでは企画委員長。

動きましたが、私が正式に湖沼会議に参加したのは九三年にイタリアであった第五回会議からです。このとき、既に湖沼会議は「学会化」が進んでいて、ＮＧＯの交流が出来なかったんですね。集まった研究者が市民の話を聴くだけです。「この次に琵琶湖で開かれるなら、きっちりとＮＧＯのセッションを持たないと」という思いを強くしました。二〇〇一年の琵琶湖開催が内定していた九九年のデンマーク会議では、「市民参加」を意識したんです。このときは私は参加できず、守山の赤野井湾流域協議会のメンバー一〇人が行ったんですが、やっぱり市民の姿は少ない。

そこで、準備委員会では、第一回会議で産官学民の合同をうたった「琵琶湖宣言」の精神に戻ろうと。私は琵琶湖でやる意味を二一世紀のスタートに打ち出したかった。アジアの中の琵琶湖であるなら、アジアの途上国の市民を重視した交流軸を探ることです。それは今回の会議に結果として生きましたね。

寺川　企画委員会が二〇〇〇年春に発足したときに委員に入ったんだけど、まさか自分に声がかかるとはね。びっくりした。県にはうるさい存在だったはずだし。

湖沼会議は意識していなかった。期待もなかった。第一回会議の時だって、「行政のポーズだ」というビラを会場の外で配っていたくらいだし。それなのに声がかかった。ということは、県は本当にやる気があるのか。それとも住民とのパートナーシップも言われているので、寺川を入れといた方がいいと思われたのか。

それに、二〇世紀から二一世紀への節目に琵琶湖をどうするか、ぼくら自身も考えているときだった。参加してみたら企画委員会は比較的オープンで、民主的な雰囲気もあった。ある程度はＮＧＯとして参加して意見を出す場面が出てくるのでは、と思いましたね。

実際に入ってみてどうでしたか。

寺川　やっているうちに、やはりＮＧＯとしての限界を感じました。ＮＧＯが主体になって会議を開くわけでなく、会議に参加する立場なので、主導権を発揮できない。藤井さんも同じ気持ちだったと思うんですが。

藤井　そうですね、これまでＮＧＯ主催の会議をいろいろつくってきたものですから。

寺川　ＮＧＯワークショップの企画があったとき、実は迷ったんです。本体の会議にＮＧＯとして参加して、行政寄りだった会議を住民寄りに持っていこうとしている張本人が、「ＮＧＯは別立てにします」ということだから。

藤井　いまだにすっきりしていない思いはありますね。

寺川　しかし、企画委員会の議論を進めていると、住民参加の思うようなスタンスを反映させるのが難しくなってきた。例えば会費の問題。フル参加で二万円ですよ。学会と比べれば安いのかも知れないが、仲間に言うと「そんなの行けるか」。学者や行政は出張経費が出るだろうが、住民は自腹を切って、平日に仕事を休んで、しかも発表はわずか一〇分か一五分です。ＮＧＯで活躍している人に参加してほしくても、「交通費と宿泊費は自前で、参加費二万円払って来てくれ」とは言えない。やっぱりＮＧＯワークショップが必要と思うようになりました。ＮＧＯへの助成金を参加費に当てることができるし。

藤井　ワークショップが開かれていなかったら、本体会議へのＮＧＯ参加もあれほどはなかったでしょう。「やっぱり学会だ、失敗だった」と言われかねなかった。

参加した成果は大きかったと言えるのでしょうか。

寺川　出会いこそが収穫でしたね。準備期間を含めて、行政や学者、市民、マスコミ…こんな人がいるんだ、というのが良く見えた。

藤井　でも、本会議や自由会議などで中心になって動いていたメンバーはそうでしょうが、一般の人にそのおもしろさが感じられたかしら。何か入りにくい雰囲気があったんじゃないかな。

寺川　本体会議は一日参加なら三〇〇〇円だったけど、環境運動やってる仲間さえも行こうとしない。平日開催という問題はあったにせよ、さびしい。NGOワークショップだって、もっと参加があると思っていたよ。川辺川や吉野川、藤前干潟、中海……あれだけのメンバーが集まったのに。「この話を聞かないと、自分らが取り組んでいる問題の解決にならない」という意識までたどりつかない。よその地域の話で、自分と関係ないんだと。

藤井　NGOサイドの厳しい現実でしたね。地球温暖化なんて、想像力がないと我が身とつながらないのに。もっとも、あまりにたくさんの企画が同時並行に進んだのも問題でした。調整が必要でしたね。

寺川　宣伝の弱さもあった。分科会にしろ、NGOの企画にしろ、もっといろんなところでアピールすべきだった。

藤井　本体会議の会場だって、琵琶湖セッションや閉会式はガラガラ。開会式は頭数をそろえたんでしょうが……。

寺川さんは、開会式の壇上にＮＧＯの姿がなかったことで、会期中に県に抗議しましたね。

寺川　ＮＧＯの参加というのは、今回の会議の大きな柱だった。開会式というのは一つの象徴なのに、そこに準備委員会からかかわってきたＮＧＯの姿がない。我々は利用されただけじゃないのか？　会社を休んでまで委員会に参加したり、分科会の座長を手配したり、ＮＧＯへの参加の働きかけをしたり……。いろいろ尽くしてきたのに。ここでこだわらないと流されてしまう、と思った。

藤井「琵琶湖宣言二〇〇一」だって、最初の起草委員会の素案にはＮＧＯの文字が入っていなかった。五一もの自由会議が開催されたのを始め、周辺でもさまざまなＮＧＯの動きがあり、本会議だけが湖沼会議じゃないのに。

寺川　準備段階だけでＮＧＯを使っておいて、本番になるといらない。アフガン支援会議での外務省のＮＧＯ排除問題と同じ構図だ。つまり、ＮＧＯと一緒にやろうという認識が欠けているんですよ。

藤井　とはいえ、今の日本の、滋賀のＮＧＯの力量の限界でもありました。一つのセクターとして層を担うだけの存在感がまだ乏しいんです。

会議の成果物としての「琵琶湖宣言二〇〇一」については、どんな印象をお持ちですか。

寺川　もっと具体性がほしい、という意見は強いけど、三回も公開の場で起草委員会を開いて作り上げた過程は評価していいんじゃないか。

藤井　これが問題で、解決のためにこうします、と言えれば良かったんでしょうが、あれが限界。具体的にすればするほど、入れるもの入れないものの選別が難しくなるし。

寺川　とはいえ、さまざまな運動している立場の人間が、文言に入るかはともかく、いろいろ主張するのは当然のこと。最終日にびわ湖ホールであった起草委員会で、霞ヶ浦の飯島博さん（アサザ基金理事長）が「行動に向けた具体的な提言を」と求めて発言したが、インパクトがあった。

「現状のNGOの限界」というお話が先ほど出ましたが、将来に向けた課題は何でしょうか。

寺川　私が代表のびわ湖環境ネットワークが発足したのは一九九〇年だけど、九〇年代の一〇年間でたくさんの運動が生まれた。特に、九七年の温暖化防止京都会議（COP3）が節目になったんじゃないか。一〇年前に比べると、NGOがはるかに力をつけたのは間違いない。

でも、一過性という問題がある。例えば、ごみ処分場などの問題があったとします。その瞬間は、ものすごく運動が燃え上がる。それが解決すると、まさに火が消えたようになる。一人か二人でも、環境意識を持って地域でコーディネーターになれる人が残ってもいいのに。

藤井　身近なテーマでは枠組みが作れますが、終わった経験を他で生かせない。暮らし全体を考える意識レベルに持っていきたい。

寺川　湖沼会議は多少なりとも、環境問題にかかわる住民の意識付けになったと思いたいですね。

藤井　湖沼会議の後、県内のＮＧＯが大同団結してネットワークを組む必要はないと思いますが、人と人が出会う魅力を忘れないでほしい。

寺川　ネットワークのような組織はなくとも、年に一、二回は情報交換できる場を持てればいいと思います。その動きは昨年一二月に琵琶湖博物館であったＮＧＯの反省会でも出されたし、そう動いていくと思いますよ。

開会式へのNGO参加の問題

一一月一二日午前にびわ湖ホールで開かれた第九回世界湖沼会議の開会式には、来賓として秋篠宮ご夫妻を招き、主催者の国松善次滋賀県知事や県議会議長、大津市長らが壇上に上がったが、「パートナーシップ」を築くに欠かせないはずのNGO代表の姿はなかった。

これに対し、びわ湖自然環境ネットワークの寺川庄蔵代表は翌一三日、国松知事に対して次のような申し入れをした。

【申入書全文】

平成十三年十一月十三日

滋賀県知事　国松善次殿

びわ湖自然環境ネットワーク　代表　寺川庄蔵

申入書

一、昨日行われた世界湖沼会議の開会式において、主催者はじめ開催に向けて共に取り組んできた各分野のメンバーが壇上にあがり紹介されたが、この中に、準備段階から協力してきた市民、NGOの代表がいなかったことは、今回の開催趣旨「湖沼をめぐる命といとなみへのパートナーシップ」に反するものであり看過できない重要な問題であると考える。

二、他のNGOからも、湖沼会議の主催者はNGOを本当のパートナーとして認めているのかという不信の声があがっている。主催者は、琵琶湖の環境保全運動を進めるNGOを軽視することなく、市民と行政の真の連携を求める姿勢を見せてもらいたい。

三、一部のNGOからは、主催者が開会式で示したような姿勢を改めないのなら、参加を中止するという意見も聞かれている。私たちNGOが疑問に感じる点について、主催者の代表である知事の見解を直に伺いたく、本日の早い時点での話し合いを申し入れる。

以上

県は一四日、寺川代表の要望を検討した結果、趣旨を受け入れ閉会式に登壇できるよう配慮する旨を言明した。回答内容は次の通りである。

【回答書全文】

平成十三年十一月十四日

びわ湖自然環境ネットワーク代表

寺川庄蔵様

第九回世界湖沼会議実行委員会会長
滋賀県知事

国松善次

湖沼会議閉会式に関する申入書について

湖沼環境の保全を図るためには、市民、事業者、研究者、行政等の関係者が手を携えて総合的に取り組んでいく必要があることから、今回の世界湖沼会議におきましては、市民やNGOをはじめとする幅広い分野からの参画を得て実行委員会を構成し、企画・準備を進め、「環境の世紀」と言われる二一世紀の最初の年の開催にふさわしい内容となるよう心がけてきたところです。

このため、開会式におきましても、準備段階からご参画をいただいた市民、NGOを含む幅広い分野の方々を代表して、実行委員会会長としての私がご挨拶を申し上げたところであります。今回のお申し入れをいただきまして、全てを代表することには限界があり、なお一層の配慮が必要であったのではないかと考えております。

もとよりNGOを軽視するというようなつもりはなく、そのように受け取られたとすれば大変残念なことであり、残りの会議運営に充分配慮するとともに、今回の湖沼会議での連携を契機として、市民やNGOの皆さん方とのパートナーシップをより確かなものとする中で、琵琶湖の環境保全をはじめとする様々な取り組みを進めていきたいと考えております。


同日夕方に県の実行委員会事務局と寺川代表が同席して、大津プリンスホテル内のプレスルームで、経緯と県の対応について記者会見した。その席では、報道陣から「閉会式の出席者は既に決まっており、簡単に変えていいのか」「開会式の登壇者は企画委員会で了承した事項であり、内輪の問題ではないのか」など、双方に対する厳しい質問が浴びせられた。

同日夜にあったNGOワークショップで寺川代表が参加者に経緯を説明した際、「閉会式の壇上に上がることがNGOの目的ではない」として閉会式への登壇を見合わせる考えを示し、了承された。

結局、一六日にびわ湖ホールであった閉会式では、国松善次知事が会場の人をすべて壇上に招くことで、形ばかりのパートナーシップの姿を見せた。

外部の目

県外・国外から参加したＮＧＯ関係者に湖沼会議を振り返ってもらう。

世界湖沼会議ＮＧＯワークショップの体験から

全国水環境交流会
山道省三

一七年ぶりに琵琶湖で開かれた第九回世界湖沼会議は、その間に行われてきた国内の川や湖沼等に関するＮＧＯの活動にとっても、いいタイミングで開催されたと考えている。前大会の後、水郷水都全国会議が発足し、日本の川や湖沼のＮＧＯ活動は一挙にはずみをつけた。水郷水都全国会議は年一回の全国大会を地域持ち回りとし、地域の課題を全国化するとともに、個別に活動する人たちにとって大きな拠り所となってきた。その間、河川行政、環境行政も制度的に大きな変化を遂げてきたが、謳い文句の「住民参加」「合意形成」「パートナーシップ」といった掛け声も、現場ではまだ程遠い状況にある。

私が所属する「全国水環境交流会」は、この水郷水都全国会議から派生したものである。この一〇年、課題解決型の団体として発足し、活動してきた。今回の湖沼会議のテーマを「湖沼をめぐる命といとなみへのパートナーシップ」としたことや、NGOワークショップにおいて「市民活動」、「パートナーシップ」、「協働」といったキーワードが登場してきた背景には、相変わらず公共工事の現場でぎくしゃくした関係が続いているからであろう。

さて、私がNGOワークショップで担当させていただいたパネルディスカッションのテーマは、「住民自治をどうするか」であった。とても壮大かつ重大なテーマで、私には荷の重いテーマであった。当初辞退も考えたが、これがいかに大変な事かを整理、理解する意味で参加した。しかし、このテーマは目標であり、現状ではリアリティを持った議論にはなりにくかったと反省している。おそらく私の力量不足と思うのだが、目標に向かってのプログラムを整理した上で、皆さんからの意見を引き出せればよかったと思っている。

「パートナーシップ」のあり方については、住民自治へのプロセスと考えると、その条件として「自立」が問われる。自立をどう獲得していくか、今まさに問われている時期と考える。NPO

法人化、市民環境科学の確立、合意形成の場づくり、といったＮＧＯにとってそれぞれの事情にあわせた方法や役割があろうし、継続的な活動を維持するための資金、人材等、日常の課題は山積している。パネリストからはさまざまな課題、アイデアの提供があった。こうした意見は、住民自治へのプロセスの中で発せられた現場の生の声である。これをどうプログラム化し、解決メニューを作っていくか、待ったなしの課題である。

一七年前に発足した水郷水都全国会議が地域現場の課題を掘り起こしていったように、この大会を契機とした継続的なネットワーク、ＮＧＯ相互の活動支援体が望まれる。二〇〇三年三月に開催される世界水フォーラムがそのさらなる契機となるかはわからないが、湖沼会議の課題を引き継ぐいいチャンスではなかろうか。

琵琶湖が、今　話すとしたら？

地元学ネットワーク主宰
吉本哲郎

琵琶湖を舞台に「世界湖沼会議」が開かれ、水俣から参加した。湖畔でぼんやりしてたら「琵琶湖がもしも話せるとしたら、何を話すのだろう」が浮かんだ。言葉になっていない言葉を持つ琵琶湖に耳をすまし、目をこらしてみたいものだ、そう思った。

滋賀県は琵琶湖に注ぐ多くの川の流域の地である。このことの持つ意味は大きい。なぜなら、琵琶湖をよごすのもきれいにするのも滋賀県に住む人達だからである。日本の真ん中にある琵琶湖は、東と西、北と南の人たちや文化文物を湖上であるいは湖に沿った大道でとりもち、日本海から吹く北西の風は、ここ琵琶湖を通りおろしとなり伊勢湾へと抜け、あちこちに雪をもたらしている。ここ琵琶湖域は、日本でも有数の変化に富んだ風土を創り出し、人々の暮らしを彩っている。変化に富む風土は生活文化に多様性と厚みをもたらし、風土に暮らす営みの文脈もまた多彩になっている。そして今、生活者のまなざしは、暮らしの舞台である琵琶湖と流れ来る流域に注がれ始めている。

会議には多くの人たちが集まり、琵琶湖をはじめとする環境を守りながらどう暮らしていくのかを語り合った。水俣の経験に照らすと、いくつか考えおかねばならないことが見えて来る。それは、「琵琶湖って何？　誰のもの？　琵琶湖がこれからも琵琶湖であり続けるのに必要なことは何？　そのための方法論は？　そして誰がするのか？」などである。少なくとも琵琶湖にしわ寄せすることでしか生きられない社会をそのままにし、子孫にツケを回すことは避けなければならないと思うのだが、ここは、水俣病患者で漁師の杉本栄子さんの言う「他人様は変えられないから、自分が変わる」に学びたいものだ。緒方正人さんのいう、「人に問いを発したら、答えてくれなくて、その問いが全部自分に返ってきた。気づいたのは私がチッソだったことだ」の意味を考えたいものだ。

私は、支流にある集落や流域にある市町村など、水に関する生活の範囲を自ら責任を持つ領域、自らの地球にして考え行動していったらいいと思い水俣で動いてきた。結局、先祖から受け継いだ風土と暮らしの営みの移り変わりと、そのわけを自ら読み解くことからしか自分たちの動きははじまらないと思うからである。

住民、企業、地域共同体にＮＧＯ、それに行政の多様な主体が、距離を近づけて一つのテーブルを囲み、お互いの違いは違いとして認めつつ話し合い、対立を創造のエネルギーに転換しながら、ここ琵琶湖だったら、これからの琵琶湖を受け継ぎ、琵琶湖のある暮らしを創造していきたいものだ。

NGOの一員から見た湖沼会議

渡良瀬遊水池を守る
利根川流域住民協議会
高松　健比古

NGOワークショップ「わたしたちが拓く水の世紀」にパネラーとして参加するため、「危うくセーフ」の連続で栃木県から新幹線を乗り継ぎ、一一月一四日夕方、大津着。

同夜のパネルディスカッション第三部「二一世紀子ども達に何をつなぐか　NGOの役割」は、コーディネーター飯島博さんの「特に制限しません。自由にやりましょう」の冒頭の一言で始まった。

私は渡良瀬《わたらせ》遊水池の現状説明と地元NGOの活動、NGO提案のエコミュージアムや未来プロジェクトなど今後のプランを話した。私を含め五人のパネラーの発言後は、主に「NGOの立場・役割」を巡って、会場からいろいろな意見が出た。厳しいものもあった。

個人的な感想を言えば、私としてはもう少し、テーマの「子ども達に何をつなぐか」を話したかった。残念ながらこの見地からの議論はほとんど無いままに終わったように感じられた。

実はこの日午前、新幹線に飛び乗る直前まで、私は地元の農村の小学校で子供たちの観察会につきあっていた。落ち葉の舞う学校林で野鳥を見つけ、子どもたちは歓声を上げた。現在全国の小中学校で「総合的な学習」が始まっているが、私たちと子どもたち、未来世代とをつなぐのは何か。新しいものが生まれるのか。知りたい。

それに最近痛感するのは、地方の自然保護NGOの高齢化の進行。マスコミで「全国区」になったところ以外は、まず若い人が入ってこない。コツコツと地味な活動を積み重ね、着実な成果を上げていても。何かヒントはないか、ひらめくものはないか……。

そんな思いを抱きながら、翌日は膨大なポスター展示を見て回り、分科会もハシゴした。ポスターは琵琶湖と霞ヶ浦が圧倒的に多く、特に琵琶湖はヨシやヨシ原に関する事柄を積極的に取り上げていた。

本州以南で最大規模のヨシ原を誇る渡良瀬遊水池だが、地元の関心も理解もまだまだ低い。それに比べ、琵琶湖の自治体やNGOの活動は実に多彩で、この点多くのヒントや「おみやげ」をもらった。行政・企業とNGOとの関係についても改めて考えさせられた。

ただ、宿泊先のホテルから会場まで乗ったタクシーの運転手さんは、湖岸を走りながら「こんな開発をしたのは前回湖沼会議をやった知事だし、会場のホテルの持ち主は悪名高い人間だ。建設自体自然破壊じゃないか」と強烈な批判。湖沼会議への地元市民の評価、ホンネはどうだったのだろうか、ちょっと気になった。

さて、本会議全体でもワークショップでも、会場の案内・受付からスライドや資料の整理、さらに表に出ない部分まで、たくさんの若い人たちががんばっていた。彼らは実に親切で、問いかけにきちんと答えてくれ、うれしかった。「湖沼ネット」はこういう裏方さんまでネットワークの対象なのだろう。本当に感謝したい。

膨大な数の発表があり、催しがあり、討論があった湖沼会議。それを裏で支えた彼ら、彼女たち若い人々は、日本の水辺、湿地や湖沼の現状をどうとらえ、またそれに取り組むNGOをどう考えるのだろう。そしてこれからの日々、どういう生き方・暮らし方を志して行くのだろうか?

……栃木へ帰り再び日常の活動に追われながら、私はなぜか今、そのことをとても知りたい気がしている。

世界湖沼会議
ＮＧＯワークショップに参加して

㈳霞ヶ浦市民協会
池田憲彦

私は、本会議前日の一一月一一日に琵琶湖博物館で開催された「世界湖沼会議ＮＧＯワークショップ～わたしたちが拓く水の世紀～」（湖沼会議市民ネット主催）にパネラーとして出席した。午前中の第一部「公共事業は変わるか～失敗に学ぶ」を受けて第二部としてはじまったパネルディスカッションのテーマは、「住民自治をどうするか」で北海道や水俣、インドネシア、などで活動しているパネラーの方たちが一緒に参加した。

時間的な問題もあり、各パネラーによる地域での活動報告で大部分の時間が費やされてしまったが、ＯＨＰなどを使っての分かりやすい報告で活動の様子が生き生きとつたわってきた。

私は、二〇二〇市民計画を中心に、計画策定の経緯と現在の市民協会が行っている活動を中心に説明した。パネラーの中には、現在干潟埋め立て等の問題で行政と対峙している地域からの報告もあり、切迫感が伝わってきたものも多かった。

それに対し霞ヶ浦は、問題の焦点が、一点突破というよりは、流域全体の問題として多岐にわたっており、行政との関わり方も対峙というよりは、協力してできるところは、おたがいに協調してやるというようなケースが多いように思われる。それだけ、霞ヶ浦の問題解決には、衆知を集め、行動することが重要であるということだと思う。

今後、行政や企業などの他のセクターと様々な問題解決に向けて、そのプロセスも含め、どのような関係を築いて行けるかということは、重要課題であり、市民協会としても各セクターの要としての役割を担うためには、〝政策提言能力〟もふくめた〝力量UP〟も重要であると感じた。

住民自治と一言でいっても、住民の立場によって、ある事に対するスタンスは、様々だと思う。たとえば、最近各地で見られる中心市街地の活性化の例をみても、商業者か、そこに住んでいる住民か、あるいは地権者か、によって活性化策に対する意見は違ってくる。また、行動に対する〝温度差〟もある。

そのように利害を異にする人たちをまとめ、あるひとつの方向にむけて合意形成してゆくためには、全員が自由に意見を述べ合う場と、それを我慢強くまとめていくリーダーが必要であると思う。

琵琶湖会議に参加して

韓国、ソウル大学
高　哲煥
（コウ・チュルファン）

私は今回、ＮＧＯのワークショップにパネリストとして招かれた。湖沼会議本体にもポスター発表で参加している。印象的だったのは、シンポジウムや発表の他にも、沢山のワークショップや催し、パフォーマンスが市民のために用意されていたことだ。そのおかげで、会議は市民にとってとっつきやすく、楽しく満足できる文化的イベントになっていたのではないだろうか。ワークショップなどを通じて、アカデミックな知識や情報が地域社会へうまく橋渡しされていると思った。

湖沼会議開会前の週末の二日間は、湖沼ネット主催によるＮＧＯワークショップが開かれ、これに参加した。ワークショップには日本全国から多くの人々が参加しており、各地の取り組みの発表などから、日本各地のその土地ならではの問題や解決法を知ることができた。ワークショップは、各地の問題を現場に即して議論することで、参加者を啓発することを目指しているように見受けられた。

火曜日。私は霞ヶ浦ワークショップに参加し、始華湖《シーファ》の問題について発表した。このワークショップは、日本全域を対象としたものであり、これに参加したことによって、日本の水問題に関するNGO活動について、その全体像をつかむことができたと思う。

メインの会議で特徴的だったのは、地域社会の人々が発表者となっていたことだ。このような会議の運営方法の中に、アカデミックな世界と地域社会の間の壁を崩すためのヒントがあると思った。ポスターセッション部門の、たとえば小中学生や高校生、海外からの参加者による発表は、非常に多様であった。この会議は「環境」という共通のテーマを論じることで、世代や民族、文化の違いを調和させることを目指しているのだろう。また別会場で行われたパフォーマンスは、絵や音楽から教育的な発表までバラエティに富んでおり、これらのパフォーマンスを参加者が自発的に行うように仕掛ける、その仕掛け方がたいへん興味深かった。湖沼会議全体が私にとって学ぶべき点が多く、忘れがたいものとなった。

世界湖沼会議に参加させてもらって、本当によかったと思っている。

（訳：田中真穂）

よきパートナーとは

吉野川第十堰の未来
をつくるみんなの会
姫野雅義

「湖沼にかかわる個人や行政のパートナーシップの構築」というのが第九回世界湖沼会議のテーマだと聞いて、ぼくはふと五年前のことを思い出していた。

そのころぼくは、吉野川第十堰の可動堰化計画に疑問を投げかける住民運動に首を突っ込んで三年目になり、水問題を高い視野から総合的に取り上げてみたいと思っていた。マスコミや世間からは、ともすれば国の事業に対する反対運動という側面だけでみられがちなので、「水問題は単なる反対運動ではないぞ」というアピールをしたかったこともあるが、そのためには立場の違う人たちが一堂に会して共通のテーマを話し合う場がどうしても必要だと考えていた。そこで第一回世界湖沼会議がきっかけとなって誕生した水郷水都全国会議を徳島で開催することにしたのだ。

その徳島大会がユニークだったのは、「吉野川第十堰問題」という国と住民が厳しく対立するテーマを正面からとりあげながらも、ちゃっかりと国の後援を取り付けたうえ、すべての分科会に対立する国や県の参加を求め、双方が議論する場を設けたことだ。この方針には「相手(国)に宣伝の場を与えるのは住民運動の変質だ」という批判もあったようだが、的を得た批判とは思えなかった。

実際、徳島のその後の経過をみてみると、このようなやりかたがその後の流れを決定づけたことがわかる。冷静で客観的な議論をすればするほど計画のおかしさが浮き彫りになってくる。反対世論が増え、追いつめられた推進派はとうとうすべての議論を拒否して、住民投票の投票ボイコット運動というこそくな手段に出た。

さらに極めつけはデータ隠しが明るみに出たことだろう。破綻した水位計算を根拠づけるため密かに模型実験を行ったが、逆に計画不要を裏付けるデータがでてしまったので、その実験を隠してしまった。そのことが昨年の情報公開でわかったのだ。

対立当事者が同じ場で議論をかみ合わせることで、ものごとの本質が明らかになる。推進派がごり押しを余儀なくされたのは、可動堰問題の本質が「初めに工事ありき」だったからだ。住民投票で九割もの反対票が出た大きな理由はこのあたりにある。

残念なことは、国が「可動堰白紙」としながらも、いまなおメンツにこだわり「中止」を願う住民多数の意思を認めようとしないことだ。前河川局長だった青山俊樹さんは「河川事業に反対する住民はよきパートナーだと思わないといけない」と言われたが、まだ現場はそうはなっていないようだ。

一人の市民の目から見た世界湖沼会議

レークネット／モニター・インターナショナル
リサ・ボーレ

私が初めて世界湖沼会議に参加したのは、九九年のコペンハーゲンでのことであった。その会議の中で、私たちは、市民や利害関係者の湖沼保全への参画のあり方を話し合うワークショップを開催したが、主催したＮＧＯの代表として、市民や行政関係者、そしてＮＧＯを温かく迎え入れてくれる湖沼会議の姿勢というものを強く感じ取ることができた。当時、私たちは、後に「レークネット」と呼ばれる国際的な湖沼ＮＧＯのネットワークを構築しつつあったが、その初めてのワークショップを湖沼会議のような学術会議とあわせて開催できたことは大きなよろこびであった。また、研究者たちの中にも、世界の湖を守るための新たなパートナーシップが生まれつつあることを知ることができたのも大きな収穫となった。国際湖沼環境委員会（ＩＬＥＣ）科学委員会委員長のスヴェン・エリック・ヨルゲンセン博士も同じ考えであった。博士は閉会宣言の中で、湖沼保全のためには、全体論的な保全体系の中に社会的、文化的、経済的な要素を組み込んでいかなければならないことを、流域全体を視野に入れ、さらにNGOや市民と連携していくことの必要性を強調して、会議を締めくくった。

二〇〇一年の湖沼会議は、これらのテーマをかつてない水準にまで引き上げることに成功した。UNEP国際環境技術センターと滋賀県、ILECは、湖沼保全に取り組むNGOや地方自治体の関係者、国際機関の参加を得て、すばらしいシンポジウムを湖沼会議の前に開いている。九九年の湖沼会議やその後のレークネットの会合でも実感してきたこととして、パートナーシップには、局地的なレベルと地域全体を含むレベル、さらに世界的なレベルのものが必要であるとの共通認識が生まれつつある。

四〇〇〇人を上回る参加者数ですら、今回の湖沼会議の成功を物語る指標の一つにすぎない。琵琶湖宣言二〇〇一は「湖沼保全にむけた新しいテーマが、新鮮で多様な参加者の発言の中から生まれた」と記している。私は、学生セッションと世界湖沼会議NGOワークショップによって、この「新鮮で多様な発言」に触れることができた。学生とNGOの双方が宣言を採択したのは初めてのことであろう。これは大きな前進である。その他に、見えてきた今後のテーマを挙げると。

●流域管理の重要性は過去においても強調されてきたが、湖の環境を、湖そのものだけでなく、その上流と下流を含めた流域全体で考えていくという点では、まだまだ改善すべき点が多い。
●レークネットは、湖沼会議の中で生物多様性に関する初めてのセッションを開催したが、これは、湖沼保全のための議論に、生態学的な観点が不可欠になりつつあることの現われである。

今回の湖沼会議は、これ以降に開催される湖沼会議にとって、参加者のあり方や内容という面において、非常に高い模範を示すものとなった。しかし、シカゴで開催される次回湖沼会議の共同主催者として、ＩＬＥＣが五大湖国際研究機関（ＩＡＧＬＡ）を選んだために、今回の湖沼会議のように、市民と湖の主要な利害関係者がともに会議に関わるというスタイルがそのまま継承されることは大変難しくなった。シカゴのあるミシガン湖は私のふるさと。この湖の市民として、個人的にもレークネットとしても、シカゴ会議のためにでき得るかぎりのことをしたいと思っている。最後に、湖沼会議の閉会式と同じ言葉で締めくくりたい。「シカゴでまた会いましょう！」

（訳：田中真穂）

第4章

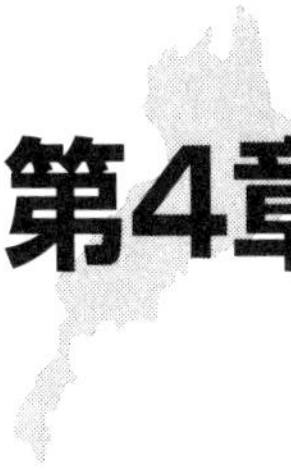

―自由会議報告書―

自由会議報告書

平成一三年度余呉町の環境を考える集い
～余呉湖・水・くらし～

主　　催：余呉町水環境を守る生活推進協議会
開催期間：一一月九日（金）
会　　場：余呉町下余呉ふれあい会館
参加人数：一四六人（講演者：五人）

自由会議の内容　本会議は幅広い環境問題について、みんなで考え、みんなで議論する集いとして、余呉《よご》町で毎年開催しているものです。本年度は特に、世界湖沼会議の自由会議に登録されたこともあり、「余呉湖・水・くらし」をテーマに、町のシンボルである余呉湖に関する様々な立場の方々からの講演や意見発表を中心に開催しました。今回、登壇していただいたのは、行政からは湖北地域振興局環境課の小西氏、余呉町の主婦代表桐畑みつ子氏、余呉湖漁業組合理事桐畑智訓氏、そして学識経験者である地元の村上宣雄氏の各位。

当日の一般参加者はのべ一四六人に上り、その中には多数の余呉町町議会議員や湖北にブナを植える会のメンバーの姿もあり、関心の高さが伺えました。

最初に行われた小西氏の講演では、余呉湖の移り変わりに関するわかりやすい説明がありました。次の桐畑みつ子氏の発表は、主婦らしく生活に密着したものであり、未来に向けて「余呉湖を死の湖にしてはならない」という同氏の心からの訴えは、多くの参加者に感銘を与えました。続く漁業組合理事桐畑智訓氏からは、余呉湖で漁業をされてきた経験から、時には辛らつな意見も交え、余呉湖の生物について貴重な意見発表をいただきました。そして当協議会からは、月例の水質検査に基づき、余呉湖の水質の移り変わりについて発表し、最後に村上氏から、すべての講演・発表を受けての総括的な講演をいただき

会議状況（多数の参加者があり、有意義な集いとなりました）

ました。

講演・意見発表の終了後には、参加者といっしょに、汲み置きしておいた余呉湖の湖水で、COD試薬による簡易な水質検査や顕微鏡による水生生物の観察会を実施しました。

今回は、参加者の皆さんにいろいろな講演や意見を聞いていただき、あるいは水質検査を体験していただくことで、各々が余呉湖や周辺の環境について考え、何かしらの行動を起こしていただける契機となれば、との思いから、この集いを企画しました。その思いが少しでも伝えられたならば幸いです。

主催者団体の概要　水質汚濁の防止を家庭からの自主的な行動により防止することを目的に余呉町に結成された団体。

会長　田中弘子（副会長・理事五名、委員一四名）

※主催者団体連絡先　事務局：余呉町役場建設環境課内
TEL：0749(86)3221　FAX：0749(86)3220

自由会議報告書

膜・水処理インダストリアルフォーラム

主催：膜分離技術振興協会、旭化成㈱、東洋紡績㈱、東レ㈱、日東電工㈱、三菱レイヨン㈱
展示会：一一月一二日㈪～一六日㈮
講演会：一一月一四日㈬
会場：ピアザ淡海県民交流センター会議室
参加人数：のべ四二〇人

自由会議の内容　日本企業の各種膜分離技術や各社の循環型水利用社会の実現に向けた取り組み状況を紹介することで、世界でもトップクラスにある日本企業の技術力と環境保全活動への貢献意識についての理解を深めてもらい、意見交換を行うために展示会と講演会を企画、開催しました。テーマは「世界の水環境保全に貢献する日本の最新膜技術」。

展示会では、各社の水処理膜商品や技術パネル、カタログを展示し、飲料水の製造や下水処理など幅広い分野で活躍する膜処理技術を紹介しました。来客者はのべ約三〇〇人（うち海外約三〇人）。出展企業の膜メーカー五社はいずれも、グローバル化を指向した企業であり、膜技術を今後、環境保全に積極的に活用していこうという意気込みが伝わってくる展示会になりました。

講演会は、特別講演三件と企業プレゼンテーション五件の二部構成で行い、膜技術の世界的なトピックスや各社の最新技術を紹介しました。当初の予測（八〇人）を超える約一二〇人（うち海外五人）の参加があり、成功裡に終了できました。各社からは自社の最新技術を紹介した英語のプレゼンテーションがあり、技術的参考点や学ぶべき点などが多く、研究者や技術者にとっても有意義な講演会となったのではないでしょうか。

日本企業が水問題に対して担うべき新たな役割を考えるとき、我々が保有する膜技術や水処理技術を軸として、日本のプレゼンスを

高めながら、世界の水環境向上というビジョンの実現にむけて、今後益々、努力していきたいと考えています。

主催者団体の概要　膜分離技術振興協会は昭和五七年に、医薬品製造分野における膜分離技術・システムの振興、普及を図ることを目的に設立された非営利団体。現在では、医薬品製造分野に限らず、水道分野や、広く膜技術が活用されている諸分野での膜技術の振興に貢献する活動を展開しています。会員会社は、本会議共催の旭化成㈱、東洋紡績㈱、東レ㈱、日東電工㈱、三菱レイヨン㈱などの膜メーカー一六社をはじめとする四九社（平成一三年七月現在）。

※主催者団体連絡先　（代表幹事）東レ㈱水処理技術開発センター　山村弘之
TEL：077(533)8396、FAX：077(533)8525
E-mail：hiroyuki_yamamura@nts.toray.co.jp

自由会議報告書

国際湖沼シンポジウム
～水といのちのいとなみ～

主　催：「びわ湖を守る水環境保全県民運動」県連絡会議（びわ湖会議）
開催期間：一一月一一日(日)
会　場：ピアザ淡海ピアザホール
参加人数：三五〇人

自由会議の内容「水と女性」「水とくらし」のつながりを見つめ直し、水といのちの大切さを次世代に伝えることを目的に女性による国際湖沼シンポジウムを開催しました。プログラムは、「女性と命――水俣病の闘いの中で見えてきたこと」と題した基調対談と、びわ湖会議のこれまでの活動経過の報告、パネルディスカッション「くらしの中の水を見つめる」の三部構成。パネルディスカッションに入る前には、世界四カ国から招待したパネリストの皆さんにそれぞれの国の水事情や、女性と水とのつながり、日常生活での水との接し方などについて、発表していただきました。

なお、シンポジウムの内容をとりまとめた記録集を作成しております。希望される方は下記の事務局までご連絡ください。

シンポジウム登壇者

○基調対談
石牟礼道子（作家）、杉本栄子（水俣市立水俣病資料館語り部）

○基調報告
林美津子（びわ湖会議事務局長）

○パネルディスカッション
コーディネーター：嘉田由紀子（京都精華大学人文学部教授）
パネリスト：リサ・ボーレ（アメリカ／レークネット主宰者）、ニーナ・ダグバエバ（ロシア／バイカル情報センター理事）、ロヒマ・カトゥーン（バングラデシュ／女性と子どものための開発機構代表）、アニ

ー・チャザ（マラウィ湖畔在住の女性※ビデオ出演）、宮川琴枝（びわ湖会議副運営委員長）

主催者団体の概要　有リン合成洗剤追放と石けん使用推進を目的に一九七八年に設立された団体（団体会員一三五、個人会員三五人）。現在は水環境保全だけでなく、ごみやエネルギー問題にも目を向けながら幅広い活動を展開しています。

※主催者団体連絡先　びわ湖会議事務局（県エコライフ推進課内）
TEL：077(528)3492　FAX：077(528)4847
E-mail：dh00@pref.shiga.jp

自由会議報告書

「近江のお兼」供養

主　催：近江流家元　近江有節
開催期間：一一月一八日㈰
会　場：高島郡マキノ町海津　福善寺境内　新駒札建立式
参加人数：のべ六五人

自由会議の内容　約千年前、マキノ町海津に実在したと言われる、怪力の遊女（湯女）お金（お兼）。その伝説が基となり日本舞踊「近江のお兼」はできました。

大阪からマキノ町に転居後、町内の福善寺境内にお兼のものと言い伝わる墓があることを知り、平成八年一一月一七日に復興法要をさせていただきました。それ以来、毎年「近江のお兼」供養と奉納舞踊を続けています。

昨年は、お金の墓に新しい駒札《こまふだ》を建立しました。

この建立が第九回世界湖沼会議の自由会議に位置づけられたものです。

新駒札建立式に、地元の方々や京阪神の舞踊家たちが出席して、滋賀県の自然環境が〝びわ湖〟を舞台として、江戸時代から日本舞踊や歌舞伎の世界を作りだしていたことを語り合いました。

長唄「近江のお兼」について

江戸時代大津の廓《くるわ》で「朝妻船」や「藤娘」と共に作詞作曲されました。

舞台装置に堅田の浮御堂《うきみどう》と葦《よし》が描かれています。

平成一二年二月、国の登録有形文化財に答申されました。

小道具は野路のさらしです。

歌詞には滋賀県全体が唄われています。

「近江のお兼」は「鏡獅子」「娘道成寺」「藤娘」等にならぶ日本舞踊を代表する演目のひとつです。

新駒札建立式

主催者団体の概要　日本舞踊　近江流

平成四年六月三〇日、大阪からマキノ町に転居。大阪では花柳有節（本名今村亘江）として師匠をしていましたが、平成五年五月三日、近江有節と改め、近江流を創流しました。

※主催者団体連絡先　TEL/FAX：0740(27)1693　E-mail：ohmi-yusetsu@h6.dion.ne.jp
URL：http://www.biwa.ne.jp/~maki-syo/kigyou/kigyo-28.htm

自由会議報告書

地球温暖化と私達の暮らし

主　催：びわ湖と地球の環境を考える会
開催期間：一一月一七日㈯
会　場：大津勤労福祉センター大会議室
参加人数：一九七人

自由会議の内容　近年の産業活動の進展は、人々の生活を豊かにした反面、地球の温暖化や大気汚染などの危機をもたらしています。その実態を知り、一人ひとりが身近なところから、どのように防止策に取り組むかを学習するために、この会を開催しました。

講師の滋賀県環境政策課中村豊久氏からは、映画とスライドによって、この二〇年来の大気中のCO_2濃度の増加が示され、このままでは海面の上昇や生態系の激変、疫病の多発など、人々の生活にも大きな影響がでてくるとの説明を受けました。地球温暖化を防止するためには、京都議定書では日本はCO_2排出量を「一九九〇年比六％削減」するとされています。この目標は大変厳しいと言われていますが、家庭での電気使用量に当てはめてみると、ほんの一五年前の一九八五年の水準に過ぎません。昭和六〇年頃の生活を頭に描いて、私たちの毎日の生活を見直すところから始めることが大切です。

会場からも多くの質問がでました。明るすぎる自動販売機の問題。販売機は全国で四〇〇万台もあり、その電気使用量が原子力発電所の一基分に相当することなど、大きな驚きでした。CO_2削減へ向けて、マイカーの相乗りやアイドリングの禁止、環境家計簿による生活の見直しなどが提案され、活発な意見交換が行われました。

終了後アンケート調査を行いましたが、地球環境問題への関心は高く、地球温暖化の危機についても「京都議定書」を含め、新聞やテレビから知識を得ているという回答が多数ありました。省エネや省資源に対する取り組みでは、日常使用する電気機器に関するもの（冷暖房機の適度な温度設定、電源のこまめなＯＮ／ＯＦＦ）や、リサイクルについては、実施率が八〇％を超えていました。一方、「お風呂には家族が続けて入る」という項目では女性の実施率が低く、「人を待つ時や荷物を積む時、自動車のエンジンを切る」では、男性の実施率が低いという結果になりました。エコマーク商品の購入については、男女共に実施率が五〇％以下であり、なお普及啓発が必要であることがわかりました。省エネや省資源に関わるきっかけとしては「環境に配慮して」が最も多く、続いて「家計のプラスになる」の順でした。

　CO_2の削減について、個人的な対策や公共対策の問題など、環境問題への高い関心とさまざまな視点からユニークな提案が相次ぎ、今後の温暖化防止にむけた実践活動について、課題を確認できた会になりました。

主催者団体の概要　びわ湖と地球環境の保護について学習し、自然環境を守り、青い空と美しい水をとりもどすため、環境問題を考える会として平成五年に設立。

※主催者団体連絡先　代表：中村敏子　TEL/FAX：077(523)2124
E-mail：masumoto@mxs.mesh.ne.jp

自由会議報告書

志賀町湖岸ウォーク

主　催…生活協同組合コープしが志賀町委員会
開催期間…一一月一二日(月)
会　場…志賀町湖岸およびホリデイアフタヌーン（喫茶店）
参加人数…一三人

自由会議の内容　志賀町は琵琶湖に沿って細長く伸びている町です。この町に住んでいても、湖岸がどうなっているのか、知らないところも多く、実際に歩いて実感してみるのが一番ではないか。普通のおばさんが環境のことを考える機会になればと考え、湖岸ウォークを企画しました。

九時にＪＲ湖西線蓬莱駅に集合。近江舞子まで一〇キロあまり、ほぼ二時間半の行程です。大半は湖岸に沿って舗装道路が整備されています。夏場は水泳場となる浜辺には松林があり、天候にも恵まれ、気持ちよく歩けました。湖岸に石垣を積んで、湖水を生活用水に使っていた名残がありました。でもところどころヨットハーバーやレストハウスなどが湖岸を占拠しており、通り抜けられない所もありました。

昼前に休憩場所のレストラン、ホリディアフタヌーンに到着。講師の永野麻也子さんのお話を聞いたあと昼食をとり、解散しました。

永野さんの講演内容骨子　今日はごみを出さないため、レジュメはありません。知識を仕入れて帰るよりも、自分に何ができるかを考えるきっかけになってくれればと思います。今日はお天気もよくて琵琶湖がきれいに見えます。けれども実際の水質汚染は深刻なものがあります。

温暖化によって琵琶湖のまわりの積雪量が減っています。春の雪解け水によってもたらされていた酸素が減り、夏場には湖の深い、

志賀町　松の浦付近の湖岸を歩く参加者

底のほうで水中の酸素がゼロになる、無酸素状態が現れてきました。

水中に酸素がないと、湖に流れ込むものが浄化されず、どんどん溜まっていきます。汚染が加速します。

私たちが便利さや快適さを求めることで、湖への汚れを増やしていることに目をやり、環境に負荷の少ない暮らし方を一人ひとりが考えてみませんか？

自由会議報告書

森と河・湖・海を結ぶ生態学

環境フォーラム「森・湖・くらし」

主催：湖北の山にブナを植える会
開催期間：一一月一七日(土)
会場：余呉町「はごろもホール」
参加人数：のべ二〇〇人

自由会議の内容　森林は水を涵養する機能をもつと共に魚介類に栄養分を供給する基地でもあります。このことをふまえ、流域全体を一連の生態系としてとらえ、そこに生活する人々が一丸となって、ブナの森や湖の自然を甦らせる活動をする。そのきっかけとなるよう本会議を開催しました。

基調講演として、北海道大学水産学部の松永勝彦教授から「森と河、湖、海を結ぶ生態学」をテーマに、研究成果を発表していただきました。その要旨は次のとおり。

森林の役割は、かつては主に物理的な視点から捉えられていました。水温の急上昇を防ぐ、樹陰を形成する、水中まで張り出した樹根が静穏域を形成する、豪雨による土砂の流出を防ぐなど。これらは肉眼で効果が認識できたからです。北海道襟裳《えりも》岬の森林は、建築材や燃料などのために伐採されてしまいました。その結果、土砂が数キロ沖まで飛散し、コンブは枯死し、回遊魚もよりつかなくなりました。襟裳岬は、森林伐採によって海が死にかかっているところを誰もが肉眼で確認することができた例です。このため、戦後から苦労を重ね植林が始まり、森林の回復と共に漁業の水揚げが増加してきました。

一方、森林が果たす化学的な役割については、肉眼で化学物質を見ることが出来ないため、ほとんど知られていませんでした。二〇年前、私は鉄に関心をもちました。なぜなら、人間が鉄なしでは生きられないのと同様に、海藻や植物プランクトンなどの光合成生物も鉄を体内に取り込まない限り、生育することは出来ないからです。しかし、水中の鉄は鉄サビのような粒子の状態が一番安定しています。粒子状の鉄を光合成生物が直接取り込む

ことはできません。粒子状の鉄がどのような機構で光合成生物に取り込まれるかについて興味をいだき、研究を続けてわかった事は、森林の腐植物質が雨水によって河川に流出すると、この物質が粒子状鉄と結びついて、鉄を粒子ではなく水に溶けやすい形に変えるということです。これをきっかけに腐植物質が海に果たしている役割を二〇年に亘り研究してきました。その結果、腐植物質と結びついた鉄（フルボ酸鉄）が海藻や植物プランクトンの成長や増殖に大きな役割をもつことを解明できたのです。

　河川、湖、沿岸海域を豊かにするには、植林をして森林を再生することが最も大切です。

主催者団体の概要　琵琶湖の水源として重要な湖北の山々にブナの森を育て、子ども達にも山を愛する心を植えつけたいとの思いから、平成九年に設立された任意団体。

※主催者団体連絡先　事務局：堀江　諭　TEL/FAX：0749(86)3270
E-mail：horiesatoshi@hotmail.com

自由会議報告書

環境ウォークラリー

主　　催：生活協同組合コープしが甲南センター環境実行委員会
開催期間：一一月一八日㈰
会　　場：水口スポーツの森
参加人数：三八チーム（一六九人）

自由会議の内容　私たちが幼かった頃に比べて、今の子どもたちは、自然環境の中で遊ぶことが少なくなっています。自然とじかに触れて、初めて環境の大切さがわかるのではないのでしょうか。そこで、子どもたちが家族や友達といっしょに行動して、「自然の不思議さに目をみはることのできる感性」を身に付けることを目的に「環境ウォークラリー」を企画しました。

環境ウォークラリーは、自然フィールドの各所（一五カ所）に、人と自然と環境を考えるクイズを設置して、二人以上でグループを組んで、地図を片手にクイズの設置している場所を見つけ、チームで協力しながらクイズを解いてまわるゲームです。勝敗は正解率と任意のジャストタイムで争います。全員がゴールした後で「答えの巻」という解答集を配り、答え合わせをします。解答集は、様々な環境問題を子どもにもわかりやすく説明してあり、ウォークラリーの後でも環境の勉強が身近にできるようになっています。

また、ラリー中に自分たちの気に入った落ち葉を拾ってきて、絵の具でペイントして葉書に押し花をする、「落ち葉の絵葉書づくり」にも挑戦しました。

ゲームが終わった後はバーベキューです。食事をしながら、環境のこと、自然のことを語り合い、みんなで楽しく環境問題を考えました。

主催団体の概要　滋賀県甲賀郡在住の生活協同組合コープしが組合員で構成する「市町村委員会」の代表有志の集まり。私たちや私たちの子どもたち、そして地球上のすべての生物が次世代にわたって健康で安心して生活しつづけられるよう、私たちの暮らしや環境に対する認識を深め、そのことを、大人だけでなく子どもも含めたみんなにアピールしてゆくことを目的として活動しています。

※**主催者団体連絡先**　TEL：0748(86)6977　FAX：0748(86)6940

自由会議報告書

シンポジウム「二一世紀の環境保全」

～戦略的環境アセスメント（SEA）を考える～

主　　催：㈳滋賀県環境アセスメント協会
後　　援：環境省
協力・指導：㈳日本環境アセスメント協会
　　　　　滋賀県琵琶湖環境部環境政策課
開催期間：一一月一三日㈫
場　　所：大津市民会館小ホール
参加者数：一九九人（講演者・スタッフを含む）

自由会議の内容　近年、〝戦略的環境アセスメント（SEA：Strategic Environmental Assessment）〟が、従来の事業アセスメントの欠点を補う制度として注目されています。SEAとは、事業の計画構想段階からアセスメントを実施して、その結果を政策決定に生かそうとするものです。SEAに関する国内外の動向と現状、その背景を理解して、今後の取り組み方などについて議論し、考えるために当シンポジウムを開催しました。

シンポジウムでは先ず、当分野における我が国の第一人者として国際的にも活躍されている東京工業大学原科幸彦教授から、基調講演〝戦略的環境アセスメント（SEA）とは何か〟と題して、環境アセスメントの歴史やSEAを、国内外の事例を交えてわかりやすく解説して頂きました。続いて、環境省総合環境政策局環境影響評価課の小林正明課長をはじめ、SEA制度を先進的に試行または導入している東京都と川崎市、開催地滋賀県のそれぞれ第一線の方々から、SEAの最先端の情報や各自治体における取り組みの現状などについての講演がありました。講師は、東京都環境局環境評価部総合アセスメント制度担当小島昭課長、川崎市環境局環境評価室亦野博主幹、滋賀県琵琶湖環境部環境政策課秋山茂樹課長（講演順）。

さらに、〝SEA導入の仕方（制度化の条

件と課題）〟と題して講師の方々によるパネルディスカッションを行いました。

主催者側の予想を超えて全国から非常に多くの参加（官公庁、企業他）があり会場が一杯になりました。講演やパネルディスカッションでは、会場からも具体的な質問や活発な意見が出て、大いに盛り上がりました。会議を通して環境アセスメント制度の現状を知り、また将来について考えるとてもよい機会となったのではないでしょうか。

主催者団体の概要　㈳滋賀県環境アセスメント協会は、環境アセスメントに関する知識や技術の向上と普及を図るとともに、環境に関する情報提供や環境保全活動などを目的に平成三年に創立された滋賀県知事認可の公益法人です。

㈳日本環境アセスメント協会
URL：http://www.jeas.org/index.shtml　参照。

※主催者団体連絡先　㈳滋賀県環境アセスメント協会
TEL：077(525)5418　FAX：077(525)5442
E-mail：seas@mx.biwa.ne.jp　URL：http://www.biwa.ne.jp/~seas/

自由会議報告書

湖南・甲賀ミニ湖沼会議

主　催：湖南環境協会
開催期間：一一月八日㈭
水口会場：水口町立碧水ホール，守山会場：守山市民ホール
参加人数：二〇三人

自由会議の内容　琵琶湖の環境を保全していくためには、市民、行政、そして企業のパートナーシップがなによりも大切です。ともすれば、世界湖沼会議に受け身がちであった企業が、自らの行動によって湖沼会議を成功させようと開催したのが、この湖南・甲賀ミニ湖沼会議でした。水口会場には、企業や行政、住民、二〇三人の参加があり、会場ロビーには、湖南・甲賀地域の企業各社のＩＳＯ１４００１環境方針パネルや環境報告書が展示されました。

会議の前半では、湖沼会議参加者のエストニア国ガリーナ・カパネンさん、インド国モハン・ムッガルさん、そして気象庁鳥取地方気象台牧田予報官から、各国の湖沼の状況や温暖化の影響などについて世界的な視点からの基調講演をしていただきました。後半は、湖南環境協会参加企業の七社（旭化成守山支社、オムロン水口工場、積水化学工業滋賀水口工場、タカオヤ・アセスメント、松下電工栗東工場、ダイキン工業滋賀製作所、松下電器産業エアコン社）から各社の環境保全活動の状況報告と、「鹿深《かふか》の里　甲賀流域協議会」からは、流域保全についての活動報告がありました。ＩＳＯ１４００１の環境方針パネルと環境報告書については守山会場でも展示して、企業の取り組みを市民の方々にも知ってもらうよう努力しました。

今回、各種の自由会議が開催されましたが、企業主体の催しは少なく、特に製造業が主体

になったものは「湖南・甲賀ミニ湖沼会議」だけでした。「企業同士が連携・協力し合い、互いが切磋琢磨しながら環境保全に尽力している姿は、わが国にはなく大変参考になった」とは、エストニアのカパネンさんからの声です。「企業がこのような活動をしていたとは知らなかった。世界に発信できる取り組みだ。世界的に発信してはどうか」

との学識者からの発言もありました。湖南環境協会とそれに参加する各社は、その潜在的な実力を県内外に知らしめることが出来たのではないかと自負しています。

主催者団体の概要　昭和五三年設立された企業が集う環境保全団体。湖南・甲賀地域の企業二〇七社で構成。企業の自主的な環境保全体制の推進で地域の豊かな環境を確保することを目的に活動中。

※主催者団体連絡先　湖南環境協会：〒525-8525　滋賀県草津市草津三丁目14－75
滋賀県湖南地域振興局環境森林整備課内
TEL：077(567)5445　E-mail：konan99@poppy.ocn.ne.jp

自由会議報告書

汽水湖ワークショップ
「汽水湖、潟湖、浅い内湾の環境管理と賢明な利用を考える」

主催：㈳霞ヶ浦市民協会
開催期間：一一月一三日㈫
会場：大津公民館
参加人数：約六〇人

自由会議の内容　このワークショップは、霞ヶ浦から世界中の汽水湖関係者に発信し、関係者との交流を深めるために、また、「汽水域の論理」を尊重し、安易な開発に歯止めをかけ、今後の汽水域の環境管理や賢明な利用を考える上での転機とするために開催しました。汽水域の環境は安定した淡水湖に比べて、変化しやすく汚れやすい、こわれやすく、自然浄化能力が高い一方で水産業が活発で、生物多様性が高い、あるいは、平地と海の接点に位置するため人間社会の影響を受けやすいなどの特徴を持っています。これまでの世界湖沼会議は淡水湖の議論が中心でしたが、今回、自由会議ながら、初めて汽水湖、汽水域、潟湖、浅い内湾をテーマとする会合を開くことができました。

参加者の大部分は国内関係者でしたが、インド、フィリピン、韓国、ネパール、スウェーデンからの参加もありました。一四人の発表者のうち、先ず専修大学の平井幸弘氏が、内外の汽水湖の比較研究から、湖の人工護岸や水位制御を避けて、住民が湖を持続的に利用し、共存できる方向を目指すべきであるとの発表を行いました。海外の事例として、ソウル大学の高哲煥氏からは、始華湖の水門が開かれ、淡水化が断念されたというニュースを、フィリピンのサントトス・ボルヤ氏らからは、同じく淡水化を目指していたラグナ湖で、漁民と研究者の反対によって、洪水時以外は水門が開放されるようになったことを報告してもらいました。インドからは、水深が浅くなり水生植物が繁茂して漁業が衰退しかけていたチリカ湖において、新しい開口部を掘削して海水を導入したところ劇的に漁獲高が回復したこと、また、教師をまきこんだ環境教育の事例についての発表がありました。また、田島正廣氏（国際航業）からは、ブラジルのパトス湖における住民参加型流域管理委員会の活動について、東京農大の安藤元一氏からは、パトス湖、チリカ湖、ソンクラ湖の三湖沼の比較検討から汽水湖問題の共通性について発表してもらいました。

日本の事例については、東京農大の桑原連氏が、サロマ湖や網走湖は汽水湖であるからこそ豊かな生産性が保たれていることを指摘し、国土交通省の高橋淳氏は、小川原湖の淡水化計画の見直しが行われていることを報告しました。霞ヶ浦からは、霞ヶ浦生態系研究所の浜田篤信氏が発表に立ち、かつて豊かだった霞ヶ浦が、様々な開発によって、水質悪化や生物多様性の喪失、漁業の衰退などの深刻な事態に陥っていることを、今後は、霞ヶ浦導水事業等の開発事業の見直しが必要であることを訴えました。宍道湖・中海からは島根大学の國井秀伸氏が、干拓中止となった本庄水域の水生植物相の調査結果を報告し、島根県職員の石飛裕氏は、科学的な調査研究に基づいた議論の大切さを強調しました。最後に島根大学の保母武彦氏から、宍道《しんじ》湖・中海の淡水化凍結、本庄水域の埋め立て中止の成果を踏まえて、汽水域が自然環境にとっても人間社会にとっても貴重であることをわかりやすく解説していただき、ワークショップを終えました。

主催者団体の概要　泳げる霞ヶ浦を市民の手で取り戻そうと、既存の市民団体を母体として設立された社団法人。様々な市民活動の蓄積によって霞ヶ浦市民社会を成熟させ、二〇二〇年までに泳げる霞ヶ浦を再現すべく、総合的な市民計画、実行計画を策定しています。

※主催者団体連絡先　TEL：0298(21)0552　FAX：0298(21)6209
E-mail：kca@cg.mbn.or.jp　URL：http://www1.neweb.ne.jp/wa/kasumi/

自由会議報告書

黒田征太郎といっしょに「水」を描こう

主　催：黒田征太郎「水」を描く実行委員会
開催期間：一一月一四日(水)
会　場：滋賀県立武道館四階
参加人数：三五〇人

自由会議の内容　生命の母なる「水」─水のもつ多彩な表情を、黒田征太郎氏と一緒になって楽しく、そして自由に描いてみよう、というイベントでした。残念ながらニューヨーク在住の黒田氏は飛行機事故のためイベントに間に合いませんでしたが、以下のようなメッセージが届き、長友啓典氏が朗読しました。

ビワコの水のほとりの皆さんへ
ぼくは　楽しみにしていました。
なぜならば、ぼくは　七才から十六才までの
十年間をビワコの水辺で育ったからです。……
…中略………水はどんなカタチにも変わりま
す。そして　水は　空中にも　地中にも　とけ
こめます。そして　世界中は　湖・川・海で
つながっているのです。いま　僕が暮らしてい
る　ニューヨークと　大津とだって　つながっ
ているでしょう。　世界中の人間が　水のよう
に　自由につながればいいのにね。みんなで
水で遊び　水で伝えて　水にアリガトウと言う
ことに　参加できなくて　ぼくは　淋しくてし
かたありません。ごめんなさい。

黒田　征太郎

二〇〇一年十一月十三日　午前十時三十分

当日は、琵琶湖の水で絵の具を溶き、葦《よし》と雁皮《がんぴ》を混ぜた手漉《す》きの紙と湖東地域で作られたケナフの紙をキャンバスに、応募された詩の朗読や映像が語る水の表情から一人ひとりが水をイメージして、全身で「水」を描きま

した。黒田氏は参加できませんでしたが、氏の想いは、古謝美佐子氏（沖縄民謡歌手）と小松正史氏（サウンドスケープ）の音楽にのって、大勢の参加者の手により、キャンパスに描き出されたと思います。

主催者団体の概要　西堀榮三郎記念探検の殿堂（湖東町）と館の活性化をサポートしているガッハの会の〝情熱〟と、町民のパワーで世界湖沼会議へ参加したいとの意気込みに黒田征太郎氏が感激、賛同。「俺ができることは、絵を描く事。湖

沼会議でも、ぜひ、みんなと一緒に水を身体で感じて絵を描きたい！」との氏の気持ちを実現させるべく、立ち上げたのが「黒田征太郎『水』を描く実行委員会」です。実行委員会は、地元滋賀県のボランティア有志（ガッハの会および湖東地域の環境を考える会：平成一四年六月の「水辺ワークショップ&ほたるコンサート」を主催）と、経費・PR面でバックアップしてくださった、黒田氏の応援者（東京・大阪の有志）と協力団体の集合体でした。

※主催者団体連絡先　湖東地域の環境を考える会　会長：澤田弘行　TEL：090(2592)4503
自由会議担当者：角川咲江　勤務先：西堀榮三郎記念探検の殿堂　学芸員
E-mail：sumikawa@town.koto.shiga.jp

自由会議報告書

よし！どこまでも行こうプロジェクト「出張環境トーク」

主催：草津市立南笠東公民館
協力（一部企画運営）：湖沼会議市民ネット（環境講座に湖沼会議市民ネットとしてプログラム参加）
開催期間：一一月一五日(木)
場所：バスの中
参加人数：二八名

このプロジェクトの趣旨　湖沼会議をきっかけとして、幅広い世代の人たちに琵琶湖と、私たちを取り巻く自然や生き物について考えてもらい、環境問題を身近なものとして感じてもらえるきっかけの場をつくる。〝よし！どこまでも行こう〟は、そうした中で、みんなで環境への関心を深めていこうというプロジェクトです。

現在までに「出張環境トーク」に参加してくださった人数はのべ六四〇人。一一月一五日に開催した「出張環境トーク」も、その中の一つでした。

環境の講座というと、堅苦しく、難しい、一方的な講演、とのイメージが強いもの。また環境問題とは、とてつもなく幅広く、複雑にからみあった問題です。「出張環境トーク」は、参加者と主催者が互いに楽しみながら、感じたり、考えたりする場を目指してきました。

お互いが気軽に話し合える仲間同士で、琵琶湖や生き物、食べ物のことなど、身近な題材を使ったゲームやクイズを楽しみます。それらの答えや、答えの解説から琵琶湖と山々とのつながりや、生き物たちの生活、温暖化の影響など私たちをとりまく環境の変化について考えてみました。

参加してくださった年代は、小学生から最高は九〇代のおじいちゃん、おばあちゃんまで。

参加者へのアンケートからはこんな声をいただきました。

身の回りのこと、身近な琵琶湖の事でも知

らないことが多いのに驚いた。川も土も大きく変わったことを知らずにいた。身近な生き物について、琵琶湖の生態系の変化、汚れの現状について、もっと聞いてみたい、知りたい。
　出張環境トークを通じて、琵琶湖の現状はもちろん、環境問題全般についても、情報を分かりやすく、地域の人たちに伝えていくことの大切さを強く感じました。
　環境の破壊を未然に防ぎ、環境問題を解決していくために大切なのは、自然を知ること、自然から発せられる情報をキャッチできる心だと思います。そんな大切な心・気持ちを少しずつでも広げ、つないでいけるよう、今後の活動に生かしていこうと思います。
　活動の場、機会を与えてくださったみなさん、本当にありがとうございました。

主催者団体の概要　一六〇ページ参照。

自由会議報告書

二人展「地球の調和」

主　　催：彫刻家 深田充夫、日本画家 北村恵美子
会　　場：守山市民ホール展示室
開催期間：一一月八日㈭〜一五日㈭
入場者数：約三五〇人

展示内容　深田充夫の現代彫刻と北村恵美子の日本画によるコラボレーション展示。

深田充夫 コンセプトと表現方法　生命体にとって一粒の水は命の源、いのち宿るモノ全ての始まりです。琵琶湖を取りまく環境の悪化による将来を憂い、そこに生息する生き物の視点を借りて、問題を提起しました。再生ガラス粒二〇〇キロを敷き詰めて琵琶湖を表現し、その中に水の浄化能力を持つ葦を立て、葦の周囲にはガラス製の水滴一〇〇個を配置しました。環境汚染物質を明記した空き缶三〇〇個を水に散乱させ、そこから樹脂製の赤とんぼ一〇八匹が葦の方向に飛び立ちます。「生命を象徴するトンボ」「それを脅かす空き缶群」「再生を果たす葦」の三者の空間構成が、日本画が造る森の中で展開され、日本画と生命を象徴する立体造形とが共振し合います。それによって、調和のとれた環境再生の重要性を訴えました。老若男女にも楽しく分かりやすく、環境への身近な部分での取組みや意識を持って生活する事の大切さを伝えることができたと思います。

北村恵美子 コンセプトと表現方法　私達が生まれるずっと前からくり返されてきた生命の循環としての自然の営み。その四季折々の美しさや命の輝きを自然の賛歌として、あるいは又、悲鳴をあげている自然の代弁者として、日本画による訴えを試みました。

人間に傷つけられコブだらけになった日野町のクヌギ林、野積みされた廃車とそれを覆

いつくす葛、秋色に染まる林や野の草など、一五点の大作が会場壁面および空中に林のように並びます。また、作品の一部に再生ガラスの粉末を岩絵具として使用。日本画の絵具を始めて目にする来館者も多く、再生ガラスも含め多くの方々に興味を持って頂きました。そこからゴミの分別収集についても考えてもらえたと思います。作品に添えた絵本「ケンちゃんとカブトの木」（文：高杉素朗、絵：越宗泰昭）を通し、人為的に樹を傷つけ、カブト虫を捕る業者の現状を訴える事も出来ました。

※主催者団体連絡先　深田充夫　TEL/FAX：0748(72)6660　E-mail：mitsuocz@mediawars.ne.jp
URL：http://www.mediawars.ne.jp/~mitsuocz/

自由会議報告書

世界湖沼会議NGOワークショップ

わたしたちが拓《ひら》く水の世紀

主　催：湖沼会議市民ネット
開催期間：一一月一〇日(土)、一一日(日)、一四日(水)
会　場：滋賀県立琵琶湖博物館ホール(一〇～一一日)、大津プリンスホテル(一四日)
参加人数：のべ三七〇人(講演者は海外三人をふくむ二五人)

自由会議の内容　本ワークショップは、湖沼や河川、干潟など、水環境の再生に取り組む国内外のNGOが湖沼会議を機会に琵琶湖に集結して、二一世紀の公共事業や住民自治のあり方などを、湖沼会議本体とは異なるNGOの立場で議論するために開催されたものです。

　ワークショップに参加したのは、沙流川（北海道）、福島潟（新潟）、蕪栗沼（宮城）、渡良瀬遊水池、霞ヶ浦（茨城）、三番瀬（千葉）、藤前干潟（愛知）、中海（鳥取・島根）、吉野川（徳島）、川辺川（熊本）など、日本各地のNGO代表者などの二二人と、海外は韓国、インドネシア、米国からの計二五人。一般参加者は三日間で、のべ三七〇人に上りました。

　初日の琵琶湖博物館での全体会議では、水俣・吉野川の基調対談と二つの基調講演によって、二〇世紀の教訓として、水俣病や中海干拓事業、吉野川可動堰の建設計画、琵琶湖湖岸の乱開発などの歴史を振り返り、二日目のパネルディスカッションでは、NGOとして二一世紀の公共事業をどう変えていくか、その根本としての住民自治の確立をいかに支援できるかについて話し合いました。

　最終日は大津プリンスホテルで「二一世紀子ども達に何をつなぐか～NGOの役割～」について議論し、最後に、二一世紀にむけた

ＮＧＯの行動指針をまとめた「ＮＧＯ水世紀宣言」（http://www.ses.usp.ac.jp/2001biwa/Global/DeclarationF.html　一九三ページ参照）を、国内ＮＧＯ約二〇団体の総意として採択しました。

第一回の湖沼会議（八四年）に比べて、今回の湖沼会議では、ＮＧＯの存在をかなりアピールすることができたのではないでしょうか。水世紀宣言については、今後も、さまざまな機会を利用して国際的に発信していく予定です。宣言文への感想やご意見は下記連絡先まで。

主催者団体の概要　世界湖沼会議を通じて、市民一人ひとりが二一世紀の自然や環境、暮らしや街について自主的に考え、それらのヴィジョンにむけて主体的に行動していくための「場」と「機会」を提供することを目的として設立された任意団体。

※主催者団体連絡先　TEL/FAX：0749(28)8346　E-mail：2001biwa@ses.usp.ac.jp
URL：http://www.ses.usp.ac.jp/2001biwa/Global/program.html

自由会議報告書

地球環境講演会「美しい地球を子どもたちに」湖沼会議特別バージョン

主　催：「地球村」湖沼会議記念講演会実行委員会
開催期間：一一月一三日(火)
会　場：大津市民会館大ホール
参加人数：四一二人

自由会議の内容　湖沼会議を盛り上げよう！　湖沼会議をきっかけにもっと市民に水のこと環境のことに関心を持ってもらいたい！　地球にやさしい人を増やしたい！　そういった願いで企画したのがネットワーク『地球村』代表高木善之による地球環境講演会です。

湖沼会議にちなんだ世界の湖沼や水に関する問題のほか、今起きている地球環境の問題、日本の現状について紹介して、根本的原因が何であるかについて考えてもらいます。地球環境を破壊しているのは、大量生産・大量消費・大量廃棄をつづけ、便利で快適、豊かな生活を送っている私たち自身です。「美しい地球を子どもたちに」残すにはどうすればよいのか。環境先進国（特に北欧、ドイツ）の事例も取り上げ、できることを実践し、意思表示するグリーンコンシューマーになろうと呼びかけました。

また、戦争も飢餓も貧困も差別もない（もちろん環境破壊も）永続可能な平和な社会の実現に向け、国の枠を越えた世界の人々のネットワーク『地球市民国連』構想を提唱しました。特に、九月一一日のアメリカ同時多発テロ・アフガニスタン空爆にも話がおよび、本当の平和について深く考えさせられる講演会でした。

参加者は四一二人。中身の濃い、手応えのある講演会になりました。

海外からも、ザンビア、ジンバブエ、イラン、エジプト、バングラデシュから一二人の

URL：http://www.chikyumura.org　http://www.chikyumura.com/kosyoukaigi.htm
（湖沼会議関連ページ）
実行委員会事務局　TEL/FAX：077(564)9064　E-mail：kinuyo@violet.plala.or.jp

参加があり、国際的な講演会になりました。

「環境・経済・貧困・格差――すべての視点からのお話に私たちの心を伝えてくれています」と心から感動してもらえました。これからメールでやりとりしましょう、と世界にネットワークを広げることができました。

主催者団体の概要　関西のネットワーク『地球村』会員有志による実行委員会。

ネットワーク『地球村』：一九九一年に設立した、事実を伝え、考え、行動する環境と平和の市民ＮＧＯ。現在、会員数一二万人、国内では約二〇〇の市町村で地域活動している。国連・ＥＣＯＳＯＣ特殊協議資格ＮＧＯ（二〇〇二年五月資格取得）。

※主催者団体連絡先　ネットワーク『地球村』事務局　TEL：06(6311)0309　FAX：06(6311)0321
E-mail：office@chikyumura.org

第七回「夢けんせつフォトコンテスト」入賞作品展覧会

主　　催：夢けんせつフォトコンテスト実行委員会、㈳滋賀県建設業協会、雇用・能力開発機構滋賀センター、㈱滋賀産業新聞社
開催期間：一一月一〇日㈯〜一一日㈰
会　　場：アルプラザ草津
参加人数：入場者約二〇〇人（スタッフ一二人）

自由会議の内容　本コンテストは、「滋賀の自然と建造物」をテーマに、自然と調和した建造物の美しい姿をカメラの眼を通して提案してもらい、自然と共生できる魅力ある二一世紀のまちづくりを探ることを目的にした写真の公募展です。

今回は、全国のカメラ愛好家に湖沼について関心をもっていただくために、また入賞作品展でも「世界湖沼会議開催記念特別賞」を設け、同会議を盛り上げるためにＰＲしてきました。

募集は四月から始め、全国から五〇六点の応募があり、六五点（内、世界湖沼会議開催記念特別賞三点）が入選しました。

入賞作品展覧会は、湖沼会議開催中のアルプラザ草津会場（一一月一〇〜一一日）をはじめ、秋には今津や彦根、大津でも開催され、約一〇〇〇人の入場者がありました。さらに巡回展として、二〇〇二年一月から八月まで「アクア琵琶」や「琵琶湖大橋米プラザ」、「浅井ふれあいの里」など県内各地で展覧する予定です。

今回のフォトコンテストでは、全国の応募者に琵琶湖ならびに湖沼に関心を持っていただけたこと、展覧会入場者には、湖沼を含む滋賀の自然と建造物が融合をみせる幻想的な姿を通して、滋賀に何が必要なのかを再認識していただける場になったと考えています。

湖沼会議本会議とは、あまり接点が無かったようです。自由会議も、登録した団体がそ

れぞれ個々に活動をしたというだけで、横のつながりが無く、他の自由会議がどのような活動をしているのかわかりませんでした。自由会議主催団体によるまとめの会議（一二月八日）に出席して、初めて知ったという状況です。本会議が始まる前にネットワークづくりと、お互いの交流があれば、もっと盛りあがったのではないでしょうか。

主催者団体の概要　夢けんせつフォトコンテスト実行委員会：一九九五年に、㈳滋賀県建設業協会が中心となり、雇用・能力開発機構滋賀センターと㈱滋賀産業新聞社に呼びかけ開催、以降、毎年全国公募している写真コンテスト。県内外で入賞作品展を開催、作品の無料貸し出しも行っています。

　事業内容は、第一部「建設業に働く人々」と第二部「滋賀の自然と建造物」という二つのテーマを掲げ、カメラの眼から見た「滋賀の自然な風景と建造物」の美しい調和・共生の姿を紹介し、魅力あるまちづくりを探るとともに、「建設業で働く人たちの姿」を通して、建設産業を広く一般の人々に知っていただくというものです。

自由会議報告書

湖岸の環境を考える

主　催：ＦＬＢ・びわ湖自然環境ネットワーク
開催期間：一〇月八日㈪晴れ「琵琶湖一周湖岸を観るNo.1」／一〇月二七日㈯晴れ「琵琶湖一周湖岸を観るNo.2」／一一月一五日㈭
会　場：大津市民会館小ホール
参加人数：のべ六〇人

自由会議の内容　琵琶湖総合開発によって湖岸堤の建設や河川改修が行われた結果、湖岸の自然破壊が進みました。一方では、マリンスポーツやレジャーの変化によって、湖岸の水質汚染や自然破壊、散乱ゴミや騒音の問題、さらに人身事故まで発生しています。この自由会議では、そうした問題の解決を考えました。

大津市民会館での会議では先ず、井上哲也氏（Ｇｒｅｅｎ Ｗａｖｅ代表）の司会で、寺川庄蔵氏（ＦＬＢ代表）が二回のプレイベント「琵琶湖一周湖岸を観る」の様子をスライドで紹介しました。続いて、パネルディスカッションに移り、第一部「湖岸の破壊」では、栗林実氏（レッドデータブック近畿研究会）がコーディネーターを務め、ブライアン・ウイリアムズ氏（画家）と宇野道雄氏（前新海浜地区自治会長）、竹田勝博氏（ヨシ職人）、鵜飼広之氏（滋賀県漁業協同組合連合青年部副会長）の各位をパネラーに、第二部「湖岸の利用」では、中野桂氏（Ｇｒｅｅｎ Ｗａｖｅ）をコーディネーターに、飯島博氏（霞ヶ浦・北浦をよくする市民連絡会議）と大橋延行氏（西浅井町商工会青年部）、長谷川広海氏（ジャパン・アウトドア・プランニング）、村上悟氏（琵琶湖ラムサール研究会）をパネラーとして討論を行いました。その後は、会場の参加者を交えたフリートークの時間を持ちました。

現場を良く知る人の体験から、魚やヨシの汚染実態、景観破壊、水上バイクの水質汚染、

E-mail：t-shozo@mx.biwa.ne.jp
http://hb7.seikyou.ne.jp/home/kankyounet/index.htm

湖岸侵食、ワームの放置に伴う環境ホルモン溶出など、琵琶湖が今大変な事態になってきていることが明らかになり、また、霞ヶ浦の「アサザ基金」の進んだ取組みに学びました。会議には、国土交通省や水資源公団の幹部が参加していたこともあって、はげしい議論となり、時間をオーバーするほど盛り上がりました。

参加者の感想では、湖沼会議よりこちらの方が充実して良かったという声も聞かれるほどでしたが、参加者が四五名と少なかったのが残念でした。

主催者団体の概要　一九九〇年七月発足。二〇〇〇年には三七団体が加盟するネットワークに。二〇〇一年から個人会員制に組織変更、一人ひとりが琵琶湖レンジャーとして活動することに。現在会員は約一〇〇人余。「琵琶湖とその周辺の自然と環境を守るために行動する」環境NGO。年会費三、〇〇〇円。

※主催者団体連絡先　〒520-0802　大津市馬場2-7-22-305
TEL：077(524)1552　FAX：077(524)1633

自由会議報告書

水をおもう
――環境保全のシンポジウムとデザイン

活動地域：大津を中心とした地域
活動期間：四月一日～一二月三一日
主　催：びわこデザイン文化協会
参加及び入場者数：のべ約二五〇人

自由会議活動の内容　滋賀県はもちろん、近畿圏の生命線とも言える琵琶湖とその水系は、いま危機的な状況にあります。私たち、各ジャンルのデザイナーを中心とするクリエーター達は、その表現手段を使って環境保全のために何ができるのか？　何らかの〝かたち〟でアピールしたいと考え、世界湖沼会議にリンクさせ、県民をはじめ一人でも多くの人々に、〝水〟に思いを馳せていただく機会としてシンポジウムやデザイン展を開催しました。今回の企画を通して、一人ひとりが琵琶湖への畏敬の念を抱くことの大切さと、私たちの使命が、琵琶湖への共感から得た精神性や感性を軸に、文化や産業、生活の発展と、環境形成に貢献していくことであると痛感しました。同時に、多くの人々にも、その重要性を認識して頂けたと思います。

活動名：㈠研究会「なぜ、いま〝水をおもう〟なのか」
期　間：一〇月六日㈯午後七～九時
会　場：「大津百町館」大津市中央一丁目八ノ一三

活動名：㈡びわこデザイン文化協会案内展覧会
期間：一一月一〇～一六日
場所：ピアザ淡海三〇一号室

活動名：㈢シンポジウム〝水をおもう〟
期間：一一月一一日㈯午後六時三〇分～九時
会場：大津市民会館小ホール

E-mail：workshop@ex.biwa.ne.jp
URL：http://www.ex.biwa.ne.jp/~bdca/

活動名：㈣びわこデザイン文化協会展
〃水をおもう〃
期間：一二月一一〜一六日
場所：滋賀県立草津文化芸術会館

活動名：㈤機関誌記念号の出版
発行日：一〇月六日㈯
配布期間：一〇月六日以後

配布場所：びわ湖ホール（特に海外の人々に配布）、大津市民会館、草津文化芸術会館

びわこデザイン文化協会の概要　デザインの新たな価値観をつくり出すクリエーターたちの集団。身近な水、そして空・光・風・地をメディアに、人と自然が織りなす「共生の美」を創造し、琵琶湖とそれを抱く滋賀の地に「デザイン文化」を育て、世界に向けて発信することを目指しています。一九九五年四月九日設立。

事務局　〒五二〇―〇二四八　大津市仰木の里東四ノ三ノ一　成安造形大学　大原研究室内
ＴＥＬ：〇七七（五七四）二一一一
ＦＡＸ：〇七七（五七四）二一二〇
理事長：今北紘一
会員数：約五〇名　県内外

※主催者団体連絡先　ワークショップ　山田隆
TEL：077(511)0155　FAX：077(511)0156

自由会議報告書

加藤登紀子「琵琶湖の未来たちコンサート」

主　催：「琵琶湖の未来たちコンサート」実行委員会
共　催：大津市、大津市二一世紀記念事業実行委員会
開催期間：一一月一三日㈫
会　場：大津市指定文化財　旧琵琶湖ホテル
出演者：加藤登紀子、琵琶湖の未来たち合唱団八六人
参加人数：二二〇人（うち湖沼会議海外参加者二〇人）

自由会議の内容　琵琶湖のもつ計り知れない社会的、文化的な価値を「歌」を通して再発見することをめざし、歌手の加藤登紀子さんとともに琵琶湖周辺を歩き、地元の方々や子ども達に今の琵琶湖についての「思い」を語ってもらいました。その中から生まれたのが、加藤登紀子さんの作詞・作曲による「生きている琵琶湖」です。

本コンサートは、この新しい琵琶湖のうた「生きている琵琶湖」を、世界湖沼会議の会期中に滋賀県内外の方々や海外からの参加者に紹介するために開催されたものです。

コンサートでは、歌づくりの調査のためにうかがった沖島小学校やマキノ東小学校の子ども達、大津市で募集した子ども達の八六人が「琵琶湖の未来たち合唱団」として加藤さんとともに「生きている琵琶湖」を合唱してくれました。とてもさわやかな生き生きした歌声を響かせてくれました。

この活動に関しては、早くから滋賀県湖国二一世紀記念事業協会の広報や新聞等によって報道されていたこともあり、非常に関心が高く、参加者を募集したところ九〇〇人もの応募がありました。また、共催の大津市から呼びかけたところ、湖沼会議海外参加者二〇人の参加があり、幅広い方々に「生きている

「生きている琵琶湖」をうたう加藤さんと子ども達

琵琶湖」を聴いていただくことができました。船による湖上から会場への移動、かがり火が焚かれる中での沖島太鼓の出迎え、旧琵琶湖ホテルの由緒ある佇まい、すべてが琵琶湖への思いを新たにさせてくれるものでした。新しい琵琶湖のうたを深く心に刻んでいただけたのではないでしょうか。ひとりでも多くの方に、この「生きている琵琶湖」を歌っていただけるよう願っています。

また、「生きている琵琶湖」の楽譜が販売されています。ご利用ください。

主催者団体の概要「登紀子倶楽部in滋賀」‥琵琶湖周辺でひろく歌われてきた「琵琶湖周航の歌」が、今、若い人や子ども達の間であまり歌われなくなっている——「なぜ琵琶湖は歌を失ったのか」を考え、加藤登紀子さんとともに、二一世紀に歌い継がれる新しい琵琶湖のうたをつくり、広めることを目的につくられた団体。

※主催者団体連絡先 TEL FAX：077(565)8326 E-mail：naka1012@mwd.biglobe.ne.jp

自由会議報告書

第九回世界湖沼会議守山セッション「世界の人と学ぶくらしと水」

主催：豊穣の郷赤野井湾流域協議会
主管：第九回世界湖沼会議守山セッション実行委員会
開催期間：一一月一〇日(土)～一一日(日)
場所：平安女学院大学、守山市民ホール

開催趣旨　……前略……世界の人々から、水辺や暮らしを、映像や写真、生の声で語ってもらい、さまざまの教訓を得る場にし、地域住民と、主体的に水質保全の活動をしている地域住民と、地域行政、事業者、学識者の協働で「琵琶湖の再生」に向かって、これからの私たちの運動に生かしたいと思っています。

自由会議の内容　セッション一日目は先ず、地元の自治会や小中学校、通訳ボランティアの皆さんの協力を得て、海外からの参加者とともにフィールドワーク(水質調査)を実施しました。その後、エコクッキング・パーティー(昼食)を挟んで、午後の「世界に学ぶくらしと水」と題したフォーラムに移り、世界各地における水環境の悪化や対策の状況について発表して頂きました。各国の草の根レベルの地道な活動をお互いに知る、いい機会になったと思います。また、同時平行で開催していたポスターセッションでは、ポスター以外に、漁具や映像による展示も行いました。夕方からのレセプションでは、滋賀県の郷土料理を囲みながら、江州音頭を踊ったり、楽しく交流することができました。

二日目の分科会は、アジアの水事情を中心テーマとした第一分科会と、水環境保全に焦点を絞った第二分科会とに分かれ、国内外の事例発表の後、パネルディスカッションを行いました。両日の参加者の合計は、海外一四カ国からの招待者三〇名をふくむのべ二〇〇〇人となりました。

セッションを通じて、環境教育の重要性、深刻な環境汚染（特にアジアの水環境問題）、私たちの活動の確かな意義、そして行政、企業、研究者、住民が協力し合うパートナーシップの大切さなど、たくさんの教訓を得ることが出来ました。みんなが力を結集すれば、これほど大きなことが出来ることも実証できました。

海外の方からは「これこそが湖沼会議」と絶賛して頂きました。市民の手づくりの会議にする、という初期の目標は達成できたと思います。

豊穣の郷赤野井湾流域協議会　ゲンジボタルが乱舞する故郷の再現と琵琶湖とシジミに親しむ湖辺の再現を活動目標に発足した非政府組織。

※主催者団体連絡先　TEL FAX：077(583)8686　E-mail：houjyou@lake-biwa.net
URL：http://www.lake-biwa.net/akanoi/

自由会議報告書

今昔写真でみる世界の湖沼の一〇〇年
～水辺の暮らしはどうかわったのか～

主　　催：㈶国際湖沼環境委員会、滋賀県立琵琶湖博物館
開催期間：一一月一三日㈫～一八日㈰
会　　場：大津西武六階催事場
参加人数：一五四五人

自由会議の内容　二〇世紀、人間は産業化と工業化の過程で、河川や湖沼に大きな力を加え続けてきました。

現在、世界の湖沼はさまざまな環境問題に直面していますが、その源は、湖辺や集水域での人間活動にあります。二一世紀を迎えた今、過去から現在への湖沼環境の変貌をみつめ、水と人の暮らしや関わりを考えることは、私たちにとって大きな意味があるといえるでしょう。

この写真展では、スイス・レマン湖博物館、アメリカ・ウィスコンシン州立歴史資料館、アフリカ・マラウイ大学などの協力を得て、五カ国から過去一〇〇年間に撮影された湖沼や河川周辺の記録写真と、その写真と同じ場所、同じアングルで撮影した写真九〇点を展示しました。過去と現在の景観を比較することで、それぞれの地域にどのような変貌があったのかをみつめ、これからの私たちの歩むべき道を考える機会にしていただけたと思います。

今回の来場者は、買い物途中に立ち寄ってくださった方が多く、アンケートの結果によれば、反応は概ね良好で、「外国の景観および湖沼環境がうまく保全されている一方、日本の景観や湖沼環境は非常に変貌しており、ショックを受けた」といった意見や、昔の景観をなつかしむ方が多く、イベントを評価する声が九〇%を超えました。

年齢層としては五〇～六〇歳以上の方がも

※主催者団体連絡先　滋賀県立琵琶湖博物館　TEL：077(568)4811　FAX：077(568)4850
URL：http://www.lbm.go.jp/

っとも多かったようですが、二〇歳代の若者からも多くの意見が寄せられました。幅広い年齢層から関心をあつめ、湖沼環境保全に関する意識の向上を促すというイベントの目的は果たせたのではないでしょうか。

主催者団体の概要

㈶国際湖沼環境委員会：世界の湖沼環境の健全な管理およびこれと調和した持続的開発のあり方に関する国際的知識の交流と調査研究を図る団体。

滋賀県立琵琶湖博物館：「湖と人間」をテーマに琵琶湖の誕生から現在までの生いたちや、人や生き物とのかかわりについて様々な体験を通して誰もが楽しみながら学ぶことが出来る「体感型」博物館。

※主催者団体連絡先　㈶国際湖沼環境委員会
TEL：077(568)4567　FAX：077(568)4568
E-mail：info@ilec.or.jp　URL：http://www.ilec.or.jp/

自由会議報告書

下水文化と進化する下水道のシンポジウムと研究発表会・展示会

主催：日本下水文化研究会
開催期間：一一月一七日(土)
会場：ピアザ淡海ピアザホール
参加人数：約二〇〇人（記念講演者は海外を含む三人、研究発表は一三編、うち海外からの発表一編）

自由会議の内容　本自由会議は、地球の水を守る立場から、環境と資源に配慮した水の使い方、流し方など多くの国や地域で育まれてきた「下水文化」と、技術や制度といった「下水文明」との融合の必要性について議論すること、そうした認識の上に立って、水の危機に直面している途上国の水環境の保全と安全な水の供給に果たすべき我が国の役割について考えることを目的としました。

記念講演では、下水道総合研究所久保赳理事長が「日本における下水道論の歴史的要因・視点及び最近の発展と二一世紀への道」と題して、これまでの数々のエピソードとともに、新世紀へ向けての方向性を語られました。国連大学高等研究所の山村尊房氏の講演では、地球規模での衛生と安全な水の供給がいかに重要であり、かつ困難であるかが多くの図で示され、わが国の国際協力、そして国際協調の必要性が指摘されました。マレーシアのルドゥアン氏からは、水質保全策を推し進めるために、全国規模でしかも下水道単独で民営化された同国での経験を発表していただき、今後、料金徴収率を向上させていくための提案などを語ってもらいました。

研究発表会は、「下水文化1・2」、「マネジメント1・2」の四つの分科会に分かれ、発表とともに熱気ある議論が交わされました。その後のパネルディスカッションでは、四分科会の座長からの分科会報告とともに、フロアーを交えて「二一世紀の下水道事業～

進化下水道の視点から～」と題する議論を行い、最後に「二一世紀の水環境と進化する下水道の方向」と題する提言を採択しました。

展示会場では主催団体が「下水文化と下水文明」と題するパネル展示を行ったほか、約一〇団体が出展し、滋賀県下の銘水、緩速ろ過水と高度浄水の試飲なども行われました。

主催団体の概要　『下水道百年史』の編集に携わった者たちが中心に、有志による活動を行っていた「下水文化研究会」を改組する形で、一九九二年三月に発足。九九年一〇月にNPO法人格取得。隔年で下水文化研究発表会を行っており、今回の研究発表会は第六回に当たります。水の使い方や水を汚さない生活の知恵、すなわち「下水文化」という視点から、健全な水環境と社会を次世代へ継承することを目指して活動しています。

※主催者団体連絡先　TEL/FAX：03(5363)1129　E-mail：jade@jca.apc.org
URL：http://www.jca.apc.org/jade/index.htm

自由会議報告書

エコロジカルアートシンポジウム

主催：EAP
開催期間：一一月一七日(土)
会場：大津市民会館
参加人数：一〇四人

自由会議の内容　シンポジウムの第一部では、エコロジカルアートプロジェクト会長の土田隆生（京都女子大教授）が、一〇月一四日(日)、琵琶湖を挟んだ近江舞子浜と彦根石寺浜の二ヶ所で、公募した参加者によって実施された環境パフォーマンス「湖の精大集合」について、写真パネルやビデオ映像を使って検証を行いました。（所要一時間）

間奏……オカリナ、コカリナによる演奏……

第二部では、パネラーに石丸正運（琵琶湖文化館長、砺波市美術館長）と笠置誠三（姫路工業大学環境人間学部教授）、堤幸一（湖沼会議市民ネット運営委員長）の三氏を招き、プロジェクト側からは中川英氣代表、鵜川由美実行委員、上田有加里（京女大四回生）の三名が参加して「今後のエコロジカルアート」と題したパネルディスカッションを行いました。司会は宗澤ひさ子氏。ディスカッションからは、「イベント」とエコロジカルアートの相違点を明らかにする中で、〝教育〟というキーワードが浮上してきました。環境教育としてのエコロジカルアートの可能性、すなわち「子ども達のエコロジカルアート」です。あるいは、湖や海から「命の源泉である森や山へ」と遡っていくなど、プロジェクトの展望についての意見が交わされました。その後、会場の一般参加者を交えた、自由討議に入り、湖の精大集合に参加して浜に埋まった人などから活発な発言がありました。中でもアイルランドのブレフニ・レノンさんからは「人間

EAP事務局　甲賀郡土山町南土山甲362　土山道夫
TEL：0748(66)0246　E-mail：michimu@jung.or.jp

は文明の名のもとに環境を破壊してきた。京都議定書からのアメリカの離脱は決して許されるものではありません。これからは益々、エコロジカルアートなどの運動が世界中で盛んになる必要がある」と、グローバルな立場から明快な意見を頂きました。

エコロジカルアートは、このシンポジウムでの貴重な議論を受けて、〝今後〟の歩むべき方向性、すなわち未来社会を構築していく子ども達の意識形成に関わるエコロジカルアートの展開と、いよいよ混迷の度を深める世界へのエコロジカルアートのアプローチの方法を確立していきます。

主催団体の概要　生命の起結の場である湖や海のほとりに、白衣のままで胸まで埋まって並ぶパフォーマンス等で環境保全を訴えていこうとする団体。琵琶湖のほとりで生まれ、オーストラリア（二〇〇〇年）公演などで世界にアピールしてきました。

※主催者団体連絡先　TEL：077(524)7520

自由会議報告書

湖童プロジェクト

主催：湖沼会議市民ネット
構成：全体を四つのプロジェクトで構成しました。自由会議登録は「湖童音楽祭」ですが、全体像をお伝えします。
開催期間：①森の湖童教室　第一回：七月二〇日㊏・二一日㊐、第二回：一〇月二一日㊐／②クラベスづくり：六月〜一〇月（全二一回）／③湖童音楽祭：一一月一一日㊐／④川の湖童教室　第一回：平成一四年一月二六日㊏・二七日㊐、第二回：三月一〇日㊐
会場：①朽木いきものふれあいの里（両回とも）／②栗東こんぜ桃源郷、朽木村麻生地区など滋賀県内一一ヶ所／③しんあさひ風車村／④第一回：朽木いきものふれあいの里、第二回：しんあさひ風車村

自由会議の内容　硬い木で作った二本の木製楽器「クラベス」をメインシンボルに、子ども達を対象に、四季を通じた四つの体験型プロジェクトを実施しました。

①最初のプロジェクト「森の湖童教室／第一回」では、森に入り、木々の音や源流を探るプログラムなどと共に、森の木々から「クラベス」を作りました。続く第二回では森の音探しの後、ミュージシャンと一緒に参加者全員でクラベスを使った「森の音楽」を楽しみました。合わせて九〇名の参加者が森や自然に親しみました。

②「クラベスづくり」は、滋賀県内の森で全二一回実施されました。前半はクラベスの材料となる木々の「切り出し」を中心に、後半は学童保育や共同作業所等の子どもたちと一緒に「クラベスづくり」や「演奏」を行いました。最終的には、のべ三四五人の手により、合計二六二二本のクラベスが生まれました。

③「湖童音楽祭」は、クラベスを使った参加型音楽祭で、プロジェクト中で最大規模となりました。当日は、成安造形大学の学生達が作った「琵琶湖の葦」の森の中で、一〇〇〇人のクラベスの音が響き渡りました。子ども達に森の伝承を伝えるため「天狗」や「木霊《こだま》」にも登場してもらいました。

みんなで鳴らすクラベス（湖童音楽祭）

④「川の湖童教室」は、「天狗」をテーマに、天狗の住処づくりを中心におこなった第一回と、炭として生まれ変わったクラベスを、水質の浄化のために川に埋め込む第二回で構成しました。参加者は、のべ四六人でした。

主催者団体の概要　一六〇ページ参照。

クラベスづくりに挑戦（森の湖童教室）

あとがき

湖沼会議の閉会式の壇上、私は「グレーター（大）湖沼会議」としての報告書を作ることを提案した。大津で開かれた本体会議だけではなく、その周辺で行なわれた自由会議などのすべての活動をひっくるめて、大湖沼会議と呼んだもの。それらすべてを含んだものが湖沼会議であり、それらすべてを記録に残すことが必要だと訴えたかった。

残念ながら、その希望は本体会議の報告書としては叶えられなかったが、幸いにも、そんな私の提案に賛同してくれる仲間たちがいた。本書はそうした有志の人々の手によって上梓されたものである。

湖沼会議も終った一二月ごろ、有志の者たちで集まり、どんな本にするかを話し合った。

今回の湖沼会議には実に多くの様々な人たちが関わっている。自由会議を一生懸命やった人、あるいは本体会議の中で頑張った人。取材として関わった報道関係者も大勢いた。打ち合わせに集まったのは、いずれも何らかの形で湖沼会議に深く関わってきた者たちばかりだった。それだけに、自分たちがやってきたこと、見てきたものを、少しでも多くの人たちに知ってもらいたい、はっきりとした形で残したいとの想いが強かった。

ところが話し合ってみて、わかったことがある。それは誰も会議の全体を見ていなかったということ。あまりにも沢山の会合や催しが会期中に集中していた。それぞれが自分たちのことで精一杯で、とても周りを見ているような余裕などなかった。だから自分たち自身も知りたいと思った——どんな湖沼会議だったのか、と。

つがやま荘で開かれた守山セッションの反省会（一二月一二日）でのこと。何人もの人たちが「私たちの湖沼会議」と言っているのを聞いた。だがよくよく聞いてみると、どうも大津の湖沼会議のことではない。守山セッションのことをそう呼んでいたのだ。

デンマークの湖沼会議（九九年）から帰国して以来、琵琶湖での湖沼会議を市民や住民の手作りの会議にしましょう、と呼びかけてきた。そんな私にとって、守山の反省会で聞いたこの言葉ほど、うれしいことはなかった。セッションに関わった人たちの、自分たちが作り上げた会議への誇りと愛着。本物の手作りの会議であったことが伝わってきた。

当然ではあるが、湖沼会議のすべてをこの本によって書ききれたわけではない。制作に携わった者たちの目に映った湖沼会議を描いたものにすぎない。もっともっと沢山の、多様な活動や場面がそこにはあった。別の人たちが筆をとれば、また別の姿の湖沼会議が描かれたことだろう。だが、たぶんそれでいいのだ。

湖沼会議に関わったすべての人たちにとって、一人ひとりの〝私の〟〝私たちの〟湖沼会議があったはずだから……。

今回の湖沼会議は、二一世紀の湖沼環境保全にむけたパートナーシップの壮大な実験だったと言われる。しかしその実験は終っていない。これから五年、あるいは十年の後に、琵琶湖や世界の湖を守るために、私たちが本当の意味でのパートナーシップを築いていることができるか、どうかにかかっている。そのことを忘れてはならない。この試みの行方を注意深く見守りながら、成功に終るよう、一人ひとりが努力していかなければならない。

それは決して失敗が許されない実験なのだから。

最後に、本書の刊行にあたっては、執筆者や寄稿者はもちろん、多くの方々のお世話になった。快く取材に応じてくれた方々。連絡調整や校正を担当してくれた湖沼会議市民ネットやびわ湖自然環境ネットワークのメンバーたち。それら多くの人々の湖沼会議への熱い想いが、この本を出版させてくれたのだと思う。改めて、感謝の意を表したい。

湖沼会議市民報告書編集委員会

委員長　井手慎司

会期中に採択された各種宣言文

琵琶湖宣言二〇〇二／NGO水世紀宣言／世界の湖沼における保全と管理に対する学生宣言／世界湖沼会議開催を契機に「工事中・計画中のダムの全面的な凍結」および「公共事業審査法」と「ダム計画中止後の生活再建支援法」の制定を求める声明

琵琶湖宣言二〇〇一

湖沼は、水資源として重要なだけでなく、各地域の多様な生態系を維持し、さまざまな文化を育んできた。しかし、「琵琶湖宣言」・「霞ヶ浦宣言」における決意にもかかわらず、湖沼の多くにおいて環境は依然として悪化し続け、湖と人との調和した共存関係の崩壊しつつあるのが、残念ながら現実である。私たちは、湖沼がかけがえのない存在であることを再認識し、二〇世紀のとりわけ先進国型の生産・生活様式を批判的に見つめ、かつ、発展途上国の置かれた困難な社会経済状況を認識しつつ、人類と地球の未来のために、湖沼環境を持続可能な状態に緊急に再生していかなければならない。

第一回世界湖沼会議の精神にのっとり、私たち、すなわち住民・研究者・芸術家・政治家・学生・行政・NGO・企業・メディアなどさまざまな主体は積極的に世界湖沼会議に参加し、本会議・自主企画ワークショップ・自由会議・サイドプログラムなどにおける多彩な活動を通じて議論を深めることができた。その中で提起されたものは、「生態系の仕組みを重視した湖沼の保全・管理」や「湖沼の保全・管理と文化・教育との関係」の重要性などである。

私たち第九回世界湖沼会議の参加者は、会議の成果と反省を踏まえ、湖沼にかかわるすべての個人・組織が力を合わせ、以下の事項に重点をおいて行動することを決意し、ここに宣言する。

一、湖沼にかかわるすべての個人・組織のパートナーシップの構築と充実
二、情報の公開と共有、環境教育・環境学習の推進、人材の育成
三、調査研究とモニタリングの推進
四、統合的流域管理の推進
五、国際協力の推進と連帯の確立
六、資金調達に関する諸方式の検討

二〇〇一年一一月一六日

第九回世界湖沼会議

琵琶湖宣言二〇〇一の背景

世界湖沼会議は一九八四年八月、琵琶湖畔の大津市（日本・滋賀県）ではじめて開催され、「琵琶湖宣言」が採択された。それ以来一七年間、湖沼が水の循環において重要な役割を果たしているだけでなく、各地域の生態系を維持し、文化を育むうえで大きな価値を有しているとの認識のもと、私たちは望ましい湖沼環境を再生するために研究、議論そして行動を各地の湖沼において続けてきた。

そうした努力にもかかわらず、多くの湖沼は人間活動の増大によって依然として環境悪化を続け、湖

と人との調和した共存関係の崩壊しつつあるのが、残念ながら現実である。私たちは、湖沼がかけがえのない存在であることを再認識し、二〇世紀のとりわけ先進国型の生産・生活様式を批判的に見つめ、かつ、発展途上国の置かれた困難な社会経済状況を認識しつつ、現在および未来の人類と地球のためにいっそうの努力を重ね、湖沼環境を持続可能な状態に緊急に再生していかなければならない。

私たち第九回世界湖沼会議の参加者、すなわち住民・研究者・芸術家・政治家・学生・行政・NGO・企業・メディアなどさまざまな主体は、第一回世界湖沼会議の開催精神にのっとり、積極的に会議に参加し、本会議・自主企画ワークショップ・自由会議・サイドプログラムなどにおける多彩な活動を通じて議論を深めることができた。その中で提起されたものは、「生態系の仕組みを重視した湖沼の保全・管理」や「湖沼の保全・管理と文化・教育との関係」の重要性などである。

私たち第九回世界湖沼会議の参加者は、このような共通認識にもとづき、また一九八四年の「琵琶湖宣言」や一九九五年の「霞ヶ浦宣言」が現在においても重要な提案であることを再認識し、以下のことを実行する。

一、湖沼にかかわるすべての個人・組織のパートナーシップの構築と充実

住民・研究者・芸術家・政治家・学生・行政・NGO・企業・メディアなど異なる立場の個人・組織が、湖沼の環境問題について協働して問題の解決に対処する。

湖沼の保全・管理・利用に関し、パートナーシップにもとづいて役割分担を明確にし、主体的に取り組んでいく。

水問題においても、女性・青少年・社会的弱者などの発言の場が少なく、その意思決定にかかわ

りが少ないことを考慮し、すべての人が主体的で自由かつ意義のある参加ができるような社会的しくみをつくる。

二、情報の公開と共有、環境教育・環境学習の推進、人材の育成

湖沼環境に関する情報の公開を進め、すべての人による情報の共有を推進する。

すべての人が湖沼環境に関心を持ち、その保全と問題解決に向けて行動ができるよう、学校教育や生涯学習において、環境教育・環境学習を積極的に進める。

湖沼管理に関わる人が広範な知識・能力・技術を獲得できるよう、研修などを強化する。

あらゆる立場の個人・組織が積極的に情報の発信と交換に参加し、湖沼環境の保全と再生に関する情報および意見を交換する。

三、調査研究とモニタリングの推進

多くの湖沼が水質・水量・生態系のいずれの面からも危機的状況にあるにもかかわらず、流域全体を視野に入れた正確な科学的知見、継続的なデータが不十分であることを考慮し、広い視野を持つ研究者の育成や専門分野の異なる研究者間の協働による調査研究体制を充実する。

以前から問題になっている富栄養化や化学物質汚染に加えて、外来性内分泌かく乱化学物質（環境ホルモン）などによる汚染についても調査研究を進める。

気候変動や大気汚染などの広域的な諸問題と湖沼環境との関係について調査研究を進める。

生物多様性、自然生態系の維持に果たす湖沼の役割の重要性を認識し、外来種の侵入、湖浜帯の

改変など、とくに脆弱な沿岸湿地生態系が直面している問題について調査研究を進め、その価値を明らかにする。

湖沼の環境問題は、集水域における人間活動（住民生活、産業活動）に起因していること、さらに人間文化と生態系・環境との双方向の関係の存在を強く認識し、その担い手である住民とともに研究調査を進める。

今後の湖沼に関わる調査研究をさらに充実するため、モニタリングを推進強化する。

四、統合的流域管理の推進

湖沼の保全・再生には、流域全体を視野に入れた統合的管理が必要である。そのため、流域にかかわる国家間、国と地方自治体間、地方自治体間、および上下流域間の連携と相互理解のもと、それぞれの役割分担を明確にし、流域単位で健全な水循環系を確保しつつ、統合的に湖沼環境の再生に取り組む。

定量的かつ系統的なデータと科学的な知見にもとづいて、湖沼に関わる全ての個人・組織が協働して流域を含めた湖沼環境保全計画を策定し、実施に協力する。

流域の住民や企業などすべての湖沼の受益者が、さらには国や地方自治体など行政が、湖沼保全にどのような責任をもち、負担をすべきかについて現実的な視点をもつ。

湖沼環境の保全に必要な流域の基盤整備を進め、適正に維持管理を行う。

五、国際協力の推進と連帯の確立

湖沼は未来世代を含む人類共通の財産であり、湖沼環境問題の多くが世界に共通することを認識し、経験や情報の共有化を進める。

湖沼環境問題は、人口増加・貧困・政治的不安定など多くの課題を抱える地域においてとくに解決困難なことを考慮し、開発途上国への支援を強化する。また、この場合、それぞれの国や地域が育んできた文化・生活・歴史を尊重する。

世界湖沼会議とともに歩んできた国際湖沼環境委員会（ＩＬＥＣ）の活動を一層充実させる。とくに「世界湖沼ビジョン」事業が多くの人に賛同され、実施されることを期待する。

今回の会議で得られた成果が、今後開かれる国際会議に十分活かされるよう努力する。とくに、持続可能な開発のための世界サミット（二〇〇二年、ヨハネスブルグ）、ラムサール条約第八回締約国会議（二〇〇二年、バレンシア）、第三回世界水フォーラム（二〇〇三年、京都・滋賀・大阪）などにおいて湖沼問題が広く議論されるよう、積極的に働きかける。

世界湖沼会議を継続的に開催し、世界のあらゆる地域における湖沼に関する情報を共有する。

六、資金調達に関する諸方式の検討

流域の拡散汚染源対策をはじめ、湖沼環境の改善には多額の資金が必要であるにもかかわらず、その流れは不十分であるので、より効果的に資金を動かす方式を検討する。

税方式や民間資金の活用を含め、新しい資金メカニズムを研究開発する。

私たち第九回世界湖沼会議に参加した住民・研究者・芸術家・政治家・学生・行政・NGO・企業・メディアなどは、過去八回の会議の成果と反省を踏まえて、世界の望ましい湖沼環境のあり方について熱心に議論した。そして、多くの成果を得るとともに、湖沼環境の保全・再生という目標の達成のために、湖沼にかかわるすべての人々がパートナーシップをいっそう緊密にしつつ取り組まねばならない多くの課題があることをあらためて認識した。私たちは健全な湖沼環境をとりもどすための歩みを、これからも休むことなく続けてゆかねばならない。

終わりに当たって私たち第九回世界湖沼会議参加者は、滋賀県民の心温まるもてなしとボランティアの支援に深く感謝の意を表する。

二〇〇一年一一月一六日　第九回世界湖沼会議

「世界湖沼会議ＮＧＯワークショップ」ＮＧＯ水世紀宣言

十七年前の夏、ここ琵琶湖湖畔に水を愛する多くの人々があつまった。そして今また、新たな世紀の幕開けとともに、ふたたび琵琶湖にて開かれた世界湖沼会議にあわせ、われわれ日本のＮＧＯ（非政府組織）はここに集結した。

かつて琵琶湖宣言（一九八四年）は「湖沼は、いわば文明の症状を映す鏡である」と謳ったが、この間、琵琶湖が映しだしてきたものはなにか？

琵琶湖における石けん運動は世界湖沼会議を生みだし、その精神はさらに水郷水都全国会議へ、霞ヶ浦湖沼会議へと受け継がれていった。しかし一方、琵琶湖総合開発を批判した琵琶湖訴訟が提起したように、巨大開発による自然破壊は国土の隅々にまで影をおとしており、長良川河口堰をはじめとする、諫早、中海、藤前、吉野川、三番瀬、あるいは各地のＮＧＯの運動は、日本における治水や公共事業、環境政策のあり方を転換させる大きな原動力となり、また、わたしたち自身の暮らし方のありように問いかけてきた。

しかし、各地の河川や湖沼、干潟で、水をめぐる環境破壊が依然として続いており、状況は好転しているとはいいがたい。われわれＮＧＯの力量は不足しており、国の主導者たちには未来にむけた哲学がみえず、行政の意識改革は遅々として進まず、人々の意識は当事者たるまでにいたっていない。また根強い経済至上主義の産業界やマスコミや研究者の認識不足など、社会の構成員としてのそれぞれの自覚と責任感の欠如が問題の解決を遅らせている。

一方、世界に目を転じたとき、日本から海外、特に途上国への公害や開発の輸出が続いており、現地における水の「汚染」と「分配の不公正」を引きおこしている。

現在、途上国が抱えている環境問題の多くは、かつての日本が二〇年、三〇年前に経験したものであるにも関わらず、われわれはその失敗や失敗から学んだことを伝えることができておらず、世界各地で同じような過ちが今もなお繰り返されている。

人々の参加を拒絶した開発は新たな貧困を生みだし、弱者をより搾取する。

日本は食糧や木材などの輸入を通じた「見えざる水」の輸入大国であることを自覚しなければならない。そのことが、日本と相手国の双方において、森林の荒廃をもたらし、水環境に深刻な影響をおよぼしている。また、新たな課題として、水を経済的な財とする「水（水利権）の自由化」という問題を引きおこしつつある。

水はすべての生命《いのち》の源である。われわれは、未来世代から預かっているこの大切な水を、責任と誇りをもって次世代へと手渡していかなければならない。そのために、やるべき何かが一つ欠けても守れないのが水である。

以上の認識に立ち、われわれは同時代に生きる人々に次のことを強く呼びかける。

一、市民・住民に対しては、主権者としての自覚と責任を持ち、より積極的な政策への参画を、（被）選挙権の行使や行政や企業への監視、問題解決にむけた主体的な行動を求める。また、そのためには市民・住民自らが地域の水環境をよく知っていなければならない。

二、政治家と行政にたずさわる者に対しては、公僕としての本旨に立ち返り、主権は国民にあることを認識し、政治家には国民の代表としての自覚を、行政には、特にその責任の所在を明確にするとともに、住民活動のサポーターとしての自覚を求める。われわれは行政の隠れ蓑としての「住民参加」や「パートナーシップ」、公共事業の名のもとに環境を破壊する「環境再生」を断固否定する。われわれの活動に対して、対等なパートナーとしての理解と協力を求める。

三、企業や事業者には、環境倫理にもとづく自覚と行動を、環境コミュニケーションやＰＰＰ（汚染者負担原則）、ＥＰＲ（拡大生産者責任）を強く求める。

四、マスコミには公正な報道を、また研究者には気高き志のもとに、ともに人々へのよきインタープリター（翻訳者）たることを求める。

そして、われわれＮＧＯ自らが誓う、動く。

われわれは自らの政策実現能力の向上をはかり、経済的自立をはかりながら、政治力と発言力を高めていく。そのためにより多くの人々の参加をもとめ、一人ひとりの思いをつなぎ、力を蓄えていく。われわれが目指すのは個々の自律（自立）したＮＧＯによる分散的なネットワークであり、われわれは、ＮＧＯ個々の独立性と自律性、活動と考え方の多様性を尊重する。われわれは失敗を恐れない、隠さない。われわれは失敗しても謙虚に失敗に学び、新たな進路を切り拓いていく。

われわれが描く「水の世紀」とは、山や森、田んぼや川、湖や干潟、そして海がつながった小宇宙のなか、それぞれの地域に固有の時間がながれ、「水」、「土」、「光」、「風」を生命の基盤として、草木や生き物とともに人がくらし、水や物質、エネルギーが循環している社会の創造。その実現のための方途を昔からの人々の暮らしや水との賢いつきあい方のなかに求めていく。古くからの人々の智慧は時の検証を経ているがゆえに尊い。われわれは己の限界と無知を知り、先人の智慧に学び、二一世紀を拓いていく。

われわれは、水の世紀の地域像を高く掲げ、人々が自治をつくりあげていくことをたすけ、合意をうみだし、人々とともに歩んでいく。われわれは自らが水のごとく、地域それぞれに多様に活動する。

水の世紀への第一歩をここ琵琶湖に印す。

二〇〇一年一一月一五日

「世界湖沼会議ＮＧＯワークショップ」
参加ＮＧＯ（国内）一同

世界の湖沼における保全と管理に対する学生宣言

私たち世界各国の学生は、湖沼に関連する様々な問題についての関心を高め、人々が簡単で直接的な行動を起こすことを通じて分かる相違点を意見交換する場を持つために、本日、ＳＩＬＥＣ（学生国際湖沼環境委員会）を設立しました。

湖沼を守るために調査し、研究し、そして活動をしている私たち学生は、ともに学び、活動し、そしてそれらを共有していくことに合意した。私たち学生は、技術的調査の結果を得、さらにその結果をより多くの人に接せられるように翻訳し、さらにそれを社会全体に提供する。

また、ホームページを通して私たちは単に研究結果を共有するだけでなく、大学や地域社会における行動を通して発生する問題をどのように解決するかを意見交換する。

私たち学生は、ＮＧＯ・行政・科学者・政策決定者、そして企業を積極的に巻き込み、地域やより広域的社会にユニークな影響をおよぼすことを望んでいる。

世界各地で開催される湖沼会議の場に集い、私たちのホームページを通して、世界のそれぞれの文化を共有するフォーラムを開催することにした。

私たちは、地球規模での環境意識の責任ある発展にわれわれの知識を費やし、私たちの後に続く次世代の学生に、われわれの行動を継承するきっかけを作る使命を持つものである。

ＳＩＬＥＣ　学生世界湖沼環境委員会一同

世界湖沼会議開催を契機に「工事中・計画中のダムの全面的な凍結」および「公共事業審査法」と「ダム計画中止後の生活再建支援法」の制定を求める声明

水源開発問題全国連絡会

二〇〇一年一一月一四日

私たちは水環境の保全について、市民と行政、研究者が同じテーブルで議論する今回の世界湖沼会議を契機に、取り返しのつかない自然破壊と人権侵害、財政負担を及ぼすダム開発の中止に向けた行動をとるように、すべての関係者に呼びかける。

現在、我が国の水環境はまさに危機的状況にある。湖沼会議が開催されている琵琶湖水系をはじめ全国で建設中または計画中のダムは国土交通省関連だけで約二〇〇を超える。数年来、新規ダムの見直しが行われ、いくつかのダムは中止の措置がとられているが、それは全体の一部に過ぎず、大半のダムは従前と変わることなく推進が図られている。しかし、新たなダム建設の不要性はますます明白になってきている。

第一に都市用水の需要が頭打ちの傾向を示し、新たな需要に対応する水源開発は今や無用のものになっている。今後、日本の総人口がまもなくピークとなり、その後は漸減傾向に変わることなどを考えると、水需要の飽和現象はこれからも続いていく。そして、農業用水の需要は年々落ち込んできている。

第二に最近の大渇水の経験でダムがさほど役に立たず、大渇水時には農業用水から都市用水への一時的な水の融通や日頃からの節水施策の推進などの方がはるかに有効な対策になることが明らかになっており、大渇水のために新たなダム建設をという行政側の主張は色あせたものになってきている。

第三に治水対策のためのダムが必要だという理由も、その科学的な根拠が希薄で、ダムをつくるための口実にすぎず、治水対策の基本は自然環境に配慮した河道整備にあることが明白になってきている。

今回の湖沼会議を主催した滋賀県を例にみると、琵琶湖周辺の河川には既に十ヶ所ものダムが存在するうえ、丹生ダム、永源寺第二ダム、金居原揚水発電所など、さらに七ヶ所ものダム建設が計画されている。ダムは生きものの移動を妨げるばかりでなく、滞留などによって水質を悪化させており、とりわけ計画中の丹生ダムについては、琵琶湖の深層水への酸素供給の阻害により、湖底の無酸素化に拍車をかける恐れがあることが指摘されている。また、ダムが土砂の自然な流れを遮断して琵琶湖への土砂供給を減少させたため、かつて「白砂青松」で知られた砂浜の侵食が進んでいる。後述するように、ダムの弊害は誰の目にも明らかであり、長野県に続いて全国の自治体で早急に「脱ダム」が宣言されることを期待したい。

環境破壊を省みないダム開発や水源開発は全国の水辺の景観を一変させた。琵琶湖の水辺に目を向けると、動植物の保護を最大限に図るべきラムサール条約の登録湿地でありながら、ヨシ帯は内湖の干拓や湖岸道路の建設により大きく減少し、生態系を変化させた結果、水草帯の優占種は帰化動物におきかわり、ブラックバスやブルーギルなど外来魚が増加して在来魚は激減した。

湖岸のヨシ帯の破壊と流域開発は湖の水質浄化機能を著しく低下させているとの指摘がある。ここ十数年「横ばい」とされてきた琵琶湖の水質汚染は依然深刻で、生活排水や工場廃水の処理には一定の進歩があったものの、大幅な改善は望むべくもなく、有機物や栄養塩類のほか、環境ホルモンを含む多くの化学物質が湖水や湖底に蓄積され続けている。

我々は、自然の生態系の限界を超えて、どこまでも開発しつくそうとする従来の姿勢を根本的に転換し、新たな河川思想に基づいて川の自然を復活させる取り組みを基本とした住民参加による地域づくりの実現を目指すことを決意し、ダム問題に関連して以下の対応策を提示する。

①ダム建設の全面的な凍結を提案する。

ダムの建設は様々な災いをもたらす。川の自然への致命的な影響、水没地区住民の生活破壊、ダムの堆砂による氾濫常習地帯の形成と海岸線の後退、地滑りなどの災害の誘発、水質の悪化、巨額の費用負担、等々である。これらの様々な災い、そして、上述のようにその必要性が失われたことを踏まえれば、工事中および計画中のダム建設は直ちに全面的に凍結することが必要である。そして、次にのべるように、住民参画を保証する制度をつくって各ダム建設の是非について徹底した討論を行い、その結果に基づいて中止の措置がとられるべきである。

②「公共事業審査法」と「ダム計画中止後の生活再建支援法」

ダム建設に代表されるように、不要不急で環境に大きな影響を与える公共事業が全国各地で推進されているが、日本ではその是非を公正に判断して中止させる制度がないに等しい。国が平成一〇年度から始めた公共事業の再評価制度があるが、それによって中止の措置がとられた事業は全体の一部だけで、トカゲの尻尾切りにすぎないし、そもそもこの制度は住民参加の道が全く閉ざされている。公共事業に異議を持つ住民と事業者が当該事業の是非について徹底した討論を行い、その結果に基づいて事業の中止等の判断がなされる制度がつくられなければならない。その観点で私たちは「公共事業審査法案」を別紙のとおり作成した。

また、ダム問題について重視しなければならないのは、何十年もの間、ダム絡みの生活を強いられ、精神的・経済的な損失を被ってきたダム予定地の人たちの今後の生活である。ダム計画の中止にあたって、それらの人たちの生活再建を支援することが必要であり、それを可能にするため、私たちは別紙の「ダム計画中止後の生活再建支援法案」を作成した。

水環境の保全についてその手法や制度が議論されている世界湖沼会議を契機に、関係機関はこの二つの法律の制定をめざす決意を固め、無用なダム建設の中止を図る取組を早急に具体化することを求める。

執筆者一覧（湖沼会議市民報告書編集委員会）

編集委員長　井手慎司（滋賀県立大学／湖沼会議市民ネット）
宇城　昇（毎日新聞）
橋本　卓（朝日新聞）
芦田恭彦（京都新聞）
横部弥生（淡海ジュニアフィールド）
小川　信（毎日新聞）
樺山　聡（京都新聞）
英語訳　田中真穂

わたしたちの湖沼会議《こしょうかいぎ》—市民・ＮＧＯの目に映った湖沼会議—

2002年７月20日発行

編　集　湖沼会議市民報告書編集委員会

発行者　岩　根　順　子

発行所　サンライズ出版
〒522-0004
滋賀県彦根市鳥居本町655-1
TEL 0749-22-0627　FAX 0749-23-7720

ISBN4-88325-099-7C 0036